Jane Ardern

Alles unter Kontrolle

Training für übereifrige Hunde

KYNOS VERLAG Dr. Dieter Fleig GmbH
Konrad-Zuse-Straße 3 • D-54552 Nerdlen/Daun
Telefon: 06592 957389-0
www.kynos-verlag.de

Titel der englischen Originalausgabe:
Mission Control. How to train the high-drive dog.

Aus dem Englischen übersetzt von Dr. Jeanette Ludwig

Gedruckt in Lettland

ISBN: 978-3-95464-276-2

Bildnachweis:
Alle Fotos: Carlo Fontanarosa, Fontanarosa Foto, www.fontanarosafoto.com, außer:
S. 6: Andy Biggar;
S. 170 + Coverfoto: Bernhard-stock.adobe.com

Inhaltsverzeichnis

Gewidmet den Hunden, die mir so vieles beigebracht haben

Meinem Leonberger *Dinky*, dem Schaf-, Eichhörnchen- und Hundejäger.

Meinem Cockerspaniel *Pickles* (Bild unten), dem Kaninchen- und Hühnerjäger, der mich weit über meine Grenzen gefordert hat.

The Stig und *Mia* haben mir geholfen zu lernen, wie man Triebverhalten nutzt, Kontrolle bei Übererregung und neue Fähigkeiten lehrt.

Drift war so leicht zu trainieren und hat mich daran erinnert, dass jeder Hund anders ist und als Individuum behandelt und trainiert werden sollte.

Die Welpen, die ich aufgezogen habe – *Elvis, Joey, Lily, Goose, Bridget, Zebby, Shadow, Florence* und *Wee Gracie* –, haben mir gezeigt, dass Welpen kein unbeschriebenes Blatt sind und sich nicht so verhalten, wie es im Buche steht.

Einführung

Mein große Leidenschaft im Training ist es, Hunden dabei zu helfen, ihre Impulse zu kontrollieren. Meine ersten Erfahrungen dazu habe ich mit meiner Leonbergerhündin Dinky gemacht, die eine besessene Jägerin war. Man sagte mir damals, ich würde es niemals schaffen, sie mit positivem Training zu kurieren und ein Elektrohalsband sei wahrscheinlich die beste Lösung.

Das ist über zwölf Jahre her und ich hatte gerade mit dem professionellen Training angefangen. Als Trainerin der Übergangszeit war ich noch in dem Stadium, in dem ich zu meinen früheren Lernerfahrungen zurückkehrte, wenn meine neuen positiven Methoden fehlschlugen. Ich fühlte mich damit jedoch zutiefst unwohl und entschied mich am Ende für das, was ich gelernt hatte: einen positiven Ansatz auf der Basis von Belohnung und Motivation.

Im Lauf des Trainings mit Dinky lernte ich viel über das Hetzen von Beute, Erregung und Impulse und hatte am Ende einen Hund, der nicht jagte. Ich habe sie sogar einmal zu einer Schafhüteveranstaltung mitgenommen, um unsere Kontrolle inmitten von Schafen zu testen. Das war ein echter Prüfstein, aber ich konnte sie tatsächlich kontrollieren und zurückrufen. Sogar der Schäfer kommentierte, dass ich sie ausgezeichnet kontrollieren könne.

Nachdem ich zwanzig Jahre Leonberger besessen hatte und mehr und mehr in Training und Aktivitäten hineingewachsen war, bekam ich einen kleinen Cocker Spaniel aus Arbeitslinien names Pickles – einen Hund mit erstklassigem Stammbaum voller Champions in Arbeitsprüfungen. Sie war wirklich ein guter Hund: fokussiert, schnell, begeistert, gehorsam und wunderbar zu trainieren, bis ich sie ans Federwild führte.

Als jemand, der immer in der Stadt gelebt hatte, war dies eine völlig neue Welt für mich – und für Pickles. Unwissentlich weckte ich einen tief in ihr verwurzelten Instinkt, und ich hatte keine Idee, wie ich mit dem problematischen, besessenen Verhalten umgehen sollte, das daraus resultierte. Ich war mit meinem Latein völlig am Ende.

Pickles Spitzname wurde „Ferrari ohne Bremsen" und es war klar, dass viel Arbeit zu tun war. Ich beschloss, mich auf den Lernprozess und die Lernerfahrung zu fokussieren, weil ich zu diesem Zeitpunkt keine Ahnung hatte, wie es ausgehen würde. Es war ein derart großer Unterschied zur Arbeit mit einem Leonberger! Ich habe sehr viel bei diesem Prozess gelernt – aber auch einige sehr beschämende und überraschende Momente erlebt. Zum Glück hat der Hahn Sunshine überlebt, um eine dieser Geschichten zu erzählen...

Als ich mit dem Training von Cockern anfing, entdeckte ich, wie wichtig es ist, Instinkte zu kanalisieren und eine gewisse Impulskontrolle aufzubauen.

Nach dieser wegweisenden Trainingsreise brachten mir dann meine nächsten Cocker bei, Erregung und Triebverhalten zu nutzen und insbesondere den Unterschied zwischen Familienhunden und Hunden, die für die Arbeit gezüchtet wurden, zu verstehen. Irgendwie hatte ich am Schluss vier Cocker und habe mit zwei von ihnen selbst gezüchtet. Die Rasse macht süchtig und so viel Spaß!

Mein zweiter Cocker, The Stig, konnte gut mit seiner Erregung umgehen und machte mich sehr stolz. Wir mussten aber ein anderes Problem lösen: Stig reagierte empfindlich auf Dornensträucher und wollte daher nicht ins Gestrüpp laufen. Er wurde sehr frustriert, weil er die Fasane zwischen den Sträuchern riechen konnte und steigerte sich in Gebell, wenn ich ihn aufforderte, in die Hecke zu gehen. Für einen Haushund wäre es hervorragend, wenn er ruhig bliebe und nicht im dichten Gestrüpp jagen wollte. Aber in der Arbeitssituation brauchte ich die Aufregung und nicht die Ruhe. Wenn ein Hund hochmotiviert ist, ist er so fokussiert, dass er Schmerz in Kauf nimmt. Stöbernde Spaniels müssen leichte Schmerzen ertragen können, um durch Dornensträucher zu laufen.

Was habe ich daraus gelernt? Ich habe gelernt, dass wir Hunden zwei wesentliche Fähigkeiten beibringen müssen:

- Ruhig zu sein

- Sich bei Aufregung zu kontrollieren

Das häufigste Problem im Training sind Hunde, die ihre Impulse nicht kontrollieren können oder wollen. Dies kann das Ergebnis von Angst, Frustration oder Übererregung sein oder der Hund folgt seinen angeborenen/instinktiven Verhaltensmustern, die durch einen bestimmten Reiz getriggert werden. Solche Verhaltensmuster sind beispielsweise:

- Hochspringen

- An der Leine ziehen

- Den Rückruf ignorieren

- Aggression

- Das Verfolgen, Jagen, Fangen und Töten anderer Tiere. Bei Border Collies und arbeitenden Hütehunden findet oft ein Übersprung auf sich bewegende Objekte statt – z.B. einen Ball, einen Jogger, einen Radfahrer oder ein Auto.

- Jedes andere angstbezogene Problem

Ein Hund, der auf ein Zeichen ein bestimmtes Verhalten zeigen soll, braucht drei Dinge:

1. Einen Trigger: Er muss das Zeichen verstehen.

2. Motivation: Eine gute Erfahrung mit Belohnung, um das Verhalten zeigen zu wollen.

3. Selbstkontrolle: Die Fähigkeit, Impulse und Wünsche zu kontrollieren.

Um sich ein solch vielseitiges Individuum heranzuziehen, müssen wir an zwei Fronten arbeiten:

Erstens brauchen wir einen Hund, der sich gut benimmt, der weiß, was wir wollen und der fähig ist, eine gute Wahl zu treffen. Der gut erzogene Hund führt sich selbst.

Zweitens brauchen wir einen gehorsamen Hund, der tut, wozu er aufgefordert wird. Der gehorsame Hund wird von seinem Besitzer geführt.

Dies unterstreicht, wie wichtig es ist, eine „gute Wahl" zu belohnen, das heißt das gewünschte Verhalten einzufangen und zu verstärken. Ich habe viele Hunde kennengelernt, die haargenau jedem Befehl gehorchen, die aber keine Idee haben, wie sie sich ohne unsere Hilfe benehmen oder eine aus Menschensicht gewünschte Wahl treffen sollen.

Wahre Selbstkontrolle ist das Ergebnis der richtigen Wahl und Hunde, die nach belohnungsbasierten Methoden trainiert werden, haben immer eine Wahl. Die Beziehung eines Hundes zu seinem Besitzer und die Motivation, sich auf eine bestimmte Art zu verhalten, spielen die Schlüsselrolle bei der erfolgreichen Selbstkontrolle.

Mit diesem Buch möchte ich das Verständnis sowohl für Motivation als auch für Impulskontrolle wecken und herausstellen, was dies für den Hund bedeutet und wie es sein Verhalten beeinflusst. Ich möchte auch den Unterschied zwischen Selbstkontrolle und Frustrationstoleranz darstellen. Trainingsprobleme entstehen meistens auf der Basis dieser Impulse und Emotionen. Um sie zu lösen, müssen wir über den Ansatz von Verhaltenskundlern hinausgehen, weil dieser auf die Arbeit mit sichtbarem Verhalten begrenzt ist. Wir müssen die Neurobiologie der Selbstkontrolle und der Hirnfunktionen kennenlernen, um zu verstehen, was in einem impulsiven und reaktiven Hund vorgeht. Hierdurch können wir unser Training empathischer gestalten und unsere Ziele erreichen.

Ich habe eine Reihe von Übungen entwickelt, mit deren Hilfe Sie Ihren Hund dabei unterstützen können, seine Impulse und Emotionen zu kontrollieren. Sie basieren auf realistischen Trainingssituationen, die man leicht nachstellen kann. Sie können in einem beliebigen Tempo, das zu Ihrem eigenen individuellen Hund passt, voranschreiten. Das oberste Ziel ist eine positive, emotionale Lernerfahrung, die in Ihrem Hund den Wunsch und die Motivation weckt, sich so zu verhalten, wie Sie es sich wünschen.

1 Um was geht es?

Um zu verstehen, warum ein Hund hochgepuscht wird und warum es ihm so schwerfällt, seine Impulse zu kontrollieren, müssen wir in der Zeit zurückgehen und den Grund für sein Verhalten herausfinden.

Seit vielen hundert Jahren werden Hunde gezüchtet, um verschiedene Jobs und Funktionen auszuüben. Die Züchter achten daher immer darauf, Hunde zu selektieren, die bestimmte überragende Fähigkeiten haben oder erwünschte Charakteristika oder Verhaltensmuster zeigen.

Kontaktfreudigkeit ist genetisch bedingt. Wir kennen „reservierte" und „freundliche" Rassen. Wie oft muss beispielsweise ein Labrador Retriever angegriffen werden, bevor er vor anderen Hunden Misstrauen entwickelt. Die Kontaktfreudigkeit dieser Rasse ist im Allgemeinen sehr hoch und macht viele Labradore gegenüber schlechten Erfahrungen widerstandfähig und belastbar. Dagegen kann eine einzige schlechte Erfahrung ein Individuum einer anderen Rasse für den Rest seines Lebens beeinflussen. Aber es gibt natürlich Ausnahmen von jeder Regel.

Ein Farmer möchte einen Hund, der sich auf ihn konzentriert und bei der Arbeit andere Hunde ignoriert. Im Allgemeinen sind daher Arbeitscollies mehr auf den Menschen bezogen als auf andere Hunde.

Die Anlage für eine defensive Aggression ist ebenfalls eine ererbte Eigenschaft. Wie reagieren Welpen auf Menschen und andere Hunde, wenn sie zum ersten Mal in die Hundeschule kommen und von Eindrücken überwältigt oder verunsichert sind?

Der Spaniel wird vielleicht Pipi machen, versuchen zu fliehen oder sich auf den Rücken legen. Der Terrier sagt: „Ey, hau ab" und schnappt. Beide fühlen das Gleiche, aber ihre Anlagen beeinflussen die erste Reaktion. Wir selektieren ja diese Merkmale in der Zucht: Spaniels sind „weich und fügsam", Terrier sind „hartnäckig und streitsüchtig". In der Realität wird sich der Spaniel gelegentlich wie der Terrier verhalten, wenn er herausfindet, dass seine unterwürfigen Reaktionen unwirksam sind. Aber die Unterwürfigkeit ist sein angeborenes Verhalten.

Bei Jagdhundrassen fordern wir verständlicherweise das Verlangen zu jagen, das heißt dass der Hund seine Nase benutzt und eher auf seine Umgebung fokussiert ist als auf seinen Führer. Hierzu steht oft eine andere gesuchte Eigenschaft im Widerspruch: die Trainierbarkeit. Wir wollen Hunde, die in der Lage sind, einen bestimmten Job auszuführen, und mehr noch wollen wir Hunde, die Wettbewerbe gewinnen können.

Instinktives Verhalten steuern

Muss ein Hund trainierbar sein, um seine Arbeit zu verrichten, oder können wir uns auf seine ererbten Fähigkeiten und Verhaltensmuster verlassen? Die Antwort ist ein entschiedenes „Ja“! Wenn Sie sein Verhalten nicht steuern, hat der Hund die Kontrolle und nicht Sie.

Beispielsweise muss ein Border Collie oder ein Jagdhund trainierbar sein, wenn sein Führer möchte, dass er auf Signal seine angeborenen Verhaltensmuster und Wünsche stoppt und unterbricht. Ein Collie darf nicht in der Schafherde Amok laufen und ein Jagdhund darf nicht ein Wildtier jagen, nur weil ihm danach ist. Auf der anderen Seite überlässt man einem Terrier seinen Job. Er wird zu einem Gebiet mit Rattenproblem gebracht, von der Leine gelöst und kann ungestört

Ein Hütehund kann nur effektiv arbeiten, wenn er seine Impulse kontrollieren und den Anweisungen folgen kann.

seinem Beuteverhalten nachgehen: Ratten zu finden und zu töten. Wir legen einfach die Leine wieder an, wenn er seine Arbeit getan hat. Ein Sibirischer Husky hat einen starken Jagdtrieb, der aber schwierig zu nutzen ist, weil er nicht genetisch auf ein hohes Maß an Selbstkontrolle selektiert wurde.

Es gibt auch Situationen, in denen Instinkte die Oberhand gewinnen und im täglichen Leben Probleme verursachen. Hunde, die für das Apportieren gezüchtet wurden, haben ein großes Bedürfnis, etwas in den Fang zu nehmen und zu halten. Golden Retriever und Cocker Spaniels teilen diese Anlage, die, wenn sie nicht kontrolliert wird, zur Ressourcenverteidigung führen kann. In ähnlicher Weise besitzt der Border Collie den natürlichen Instinkt, seine Herde im Auge zu behalten und zu hüten. Dies Verhalten kann auf Radfahrer, Autos, Jogger, Fußbälle oder alles, was sich bewegt, überspringen.

Diese genetischen Verhaltensweisen werden oft getriggert, wenn ein Hund durch Aufregung oder Frustration hochgepuscht wird. Erstens, weil sie instinktiv ablaufen, und zweitens, weil sich der Hund dabei wohlfühlt. Beispielsweise nimmt sich der Labrador, der zum Apportieren gezüchtet wurde, bei Erregung ein Spielzeug, während der Belgische Schäferhund, gezüchtet für Schutzaufgaben und Beißarbeit, bei Frustration nach seinem Führer schnappt.

Wenn wir unsere Hunde trainieren, müssen wir all diese Faktoren in Erwägung ziehen und immer daran denken, dass keine zwei Hunde gleich sind. Wir müssen daher Zugeständnisse und Anpassungen machen. Dies können wir nur, wenn wir die Rasseanlagen des Hundes wirklich verstehen, seine Geschichte und Genetik und den Einfluss, den dies auf sein individuelles Temperament hat.

Selbstkontrolle verstehen

Damit wir einem Hund Selbstkontrolle beibringen und seine natürlichen Instinkte meistern können, müssen wir die Welt mit seinen Augen sehen. Selbstkontrolle heißt, dass ein Hund seine natürlichen Impulse kontrolliert, um ein gewünschtes Ergebnis zu erzielen. Tatsächlich gehört es wesentlich zu seinen natürlichen Instinkten, wenn ein erfolgreicher Jäger in ihm steckt und er nach passenden Gelegenheiten sucht.

Selbstkontrolle ermöglicht dem Hund, zu essen und sich zu vermehren – beides Grundvoraussetzungen für das Überleben. Wenn meine Hündinnen läufig sind,

Beim Pfiff stoppen: Ein Jagdhund muss sein natürliches, instinktives Verhalten bremsen, um seinen Job effektiv auszuüben.

demonstrieren meine Rüden Selbstkontrolle, indem sie sie nicht belästigen, bevor sie ihren Eisprung hatten. Es liegt nicht in ihrem Interesse, den Damen auf die Nerven zu fallen; schließlich sollen sie ihnen gewogen bleiben. In ähnlicher Weise ist das ruhige, bewegungslose Warten vor dem Mauseloch für den Hund die erfolgversprechendste Methode, sich sein Frühstück zu fangen. Diese Verhaltenweisen kann man im gesamten Tierreich beobachten: Der Jäger wartet in ruhiger Vorfreude auf seine Beute und das Männchen ist kokett und höflich während der Paarungszeit.

Selbstkontrolle ist leicht zu lehren, wenn es um ein gewünschtes Ergebnis geht. Die Motivation ist groß und stark. Der Hund verschiebt quasi seinen Zahlungstermin, weil eine riesige Belohnung auf ihn wartet.

Was ist Frustrationstoleranz?

Frustrationstoleranz unterscheidet sich deutlich von Selbstkontrolle. Wir Menschen stellen uns vor, dass der Hund sich in unserer Welt angemessen benimmt. Es ist eine Situation, in der beim Hund Selbstkontrolle erwartet wird, aber das

Die Frustration wird größer, wenn das instinktive Verhalten ausgebremst wird.

von ihm natürlicherweise „gewünschte" Ergebnis tritt nicht ein. Ein Beispiel hierfür ist es, einen Hund vom Verfolgen eines Kaninchens abzuhalten, wenn er glaubt, es fangen zu können. Wenn er glaubt, mit seinem Verhalten das gewünschte Resultat zu erhalten – sei es, weil es sich gut anfühlt oder weil er Beute machen kann –, dann wird er jagen.

Liebt ein Hund es einfach zu jagen, wird sich irgendwann Ermüdung einstellen und das Verhalten seinen Reiz verlieren. Er wird es zwangsläufig aufgeben und vielleicht zu seinem Besitzer zurückkehren. Ist es seine Absicht, die Beute zu jagen und zu verspeisen, wird er entweder erfolgreich sein oder die Jagd aufgeben, bevor er dabei umkommt. Das Aufgeben ist dann keine Selbstkontrolle, sondern eine Frage des Überlebens und es wird akzeptiert, dass es keine Belohnung gibt.

Wenn ich mit Hunden arbeite, bei denen das Jagen ein Problem darstellt, höre ich die Besitzer oft sagen: „Er kommt früher oder später zurück." Ja! Das kann stimmen, aber das ist kein Resultat des Trainings. Der Hund hat sein normales Überlebensverhalten gezeigt. Es gelang ihm nicht, sein eigenes Abendessen zu fangen, deshalb kam er zurück, um sich stattdessen Ihre Angebote anzusehen. Dazu braucht er nur sehr wenig Selbstkontrolle – er musste nur aufgeben.

Schaut man sich das Jagen aus der Perspektive des Hundes an, ist es verrückt von ihm zu erwarten, das Kaninchen nicht zu jagen: „Warum um Himmelswillen nicht, erst Recht, wo ich es doch kriegen kann?"

Frustrationstoleranz bedeutet für den Hund, dass er sich in einer bestimmten Weise verhalten soll, die natürlicherweise für ihn keinen Sinn ergibt. Daher ist Selbstkontrolle einfach und Frustrationstoleranz nicht. Letztes erfordert die Entwicklung völlig neuer Denkmuster.

Wenn ich mit meinen Spaniels im Feld arbeite, müssen sie über viel Frustrationstoleranz verfügen. Sie müssen hart arbeiten, um im Gestrüpp Fasane aufzustöbern. Findet der Hund einen Vogel, muss er stoppen und zuschauen, wie er fortfliegt.

Wenn er den geschossenen Vogel apportieren darf, kann man das vorausgegangene Verhalten als Selbstkontrolle bezeichnen. Es gab ein gewünschtes Ergebnis. Aber wenn er zusehen muss, wie ein Labrador den Vogel apportiert, handelt es sich um Frustrationstoleranz. Er muss lernen, sich mit der Tatsache abzufinden, dass es Dinge im Leben gibt, die er nicht haben kann und eine Alternative akzeptieren. Daher müssen wir dafür sorgen, dass die Alternative ihn hoch motiviert.

Viele positiv trainierte Hunde sind daran gewöhnt zu bekommen, was sie wollen, und sehen Frustrationstoleranz als Herausforderung an. Die Fähigkeit, Frustration auszuhalten, erfordert ein bestimmtes Denkmuster, das erlernt werden muss. Der Hund muss verstehen, dass das Leben hart sein kann und eine Alternative manchmal die beste Option ist.

Frustration zeigt sich gewöhnlich in Lautäußerungen wie Winseln und Bellen. Emotional steigert sich Frustration zum Ärger und einige Hunde werden je nach Situation aggressiv. Einschränkungen und Verbote können Frustration hervorrufen oder steigern, und manchmal wird diese umgeleitet und richtet sich gegen den Hund selbst oder andere Hunde oder den Besitzer.

Das Leben setzt unsere Hunde heutzutage unter großen Druck und wir müssen ihnen beibringen, ihn zu verkraften. Damit kann man schon bei Welpen anfangen. Es sind normalerweise die Arbeitshunde, bei denen dies problematisch sein kann. Sie sind genetisch mit starken Verhaltensmustern – beispielsweise jagen, verfolgen und hüten – ausgestattet und haben einen starken Willen, diese auch zu zeigen.

Erregung verstärkt das Bedürfnis und Verlangen, und viele Arbeitshunderassen können leicht in hohe Erregungslevel gepuscht werden, weil sie genetisch darauf selektiert wurden. Welpen dieser Linien, die nicht die Führung erhalten, die sie brauchen, kommen als Erwachsene nicht mit der realen Welt zurecht. Daher lastet sowohl auf Züchtern als auch auf Hundebesitzern die Verantwortung, ihnen beim Aufbau dieser lebenswichtigen Fähigkeit zu helfen.

Willenskraft aufbauen

Selbstkontrolle und Frustrationstoleranz erfordern Training und Willenskraft. Im Zentrum stehen die drei Voraussetzungen für die Impulskontrolle:

1. Fokus

2. Selbstkontrolle

3. Frustrationstoleranz

1. Fokus

Ich will... *mich für eine bestimmte Zeit konzentrieren und Ablenkungen ignorieren.*

Dies wird auch Stabilität genannt und bezeichnet die Fähigkeit, sich auf eine Aufgabe zu konzentrieren und alle anderen Ablenkungen in der Umgebung herauszufiltern. Positives Verstärkungstraining unterstützt die kognitiven Kontrollmechanismen, die hierfür gebraucht werden. Man nennt diese auch exploitative[1] Kontrollprozesse, weil bereits erworbenes Wissen über die Umgebung ausgenutzt wird. Einfach ausgedrückt bedeutet dies, dass der Hund hart arbeiten wird, um mehr von dem zu bekommen, was er will. Um den Fokus zu erhalten und alle Ablenkungen zu ignorieren, braucht es Motivation, das heißt wertvolle und effektive Belohnungen müssen locken. Dies erhöht das Verlangen nach mehr.

Stabilität setzt oft dann ein, wenn wir sie nicht wollen. Wenn Ihr Hund beispielsweise ein Kaninchen jagt, muss er absolut fokussiert und kontrolliert sein, und er kann nun Ablenkungen sehr effektiv herausfiltern. In diesem Szenario

1 exploitativ = ausbeutend

stellt auch der Rückruf oder Pfiff eine Ablenkung dar. Wir wissen nun, dass unser Hund ein hohes Maß an Stabilität besitzt, wenn die Motivation stimmt.

Es ist wichtig, Ablenkungen ins Training einzubauen, um die Stabilität eines Verhaltens zu prüfen. Instabiles Verhalten, trainiert in einer sterilen Umgebung, ist im realen Leben unnütz.

Beispielsweise beginne ich mit der Arbeit am Blickkontakt im Haus, wo es wenig Ablenkung gibt, damit der Hund verstehen kann, was ich erwarte. Ich muss die Umgebung jedoch rasch ändern und das Maß an Ablenkungen erhöhen, damit er das Verhalten stabilisieren kann.

2. Selbstkontrolle

Ich warte*... und bleibe geduldig und kontrolliert, um das zu bekommen, was ich will.*

Selbstkontrolle ist ein normales Verhalten von Tieren: Es handelt sich um die Fähigkeit, geduldig auf die Dinge zu warten, die sie sich wünschen. Selbstkontrolle ist notwendig, um ein effektiver Jäger zu sein. Ein Löwe kann lange Zeit sehr ruhig und leise im Gras verharren und auf den richtigen Moment warten, in dem er die Verfolgung aufnimmt oder seine Beute anspringt. Diese Fähigkeit nennt man verzögerte Belohnung und man kann sie aufbauen. Es ist eine Art Selbstkontrolle, die leicht zu lernen ist, wenn die Motivation stimmt. Der Hund verhält sich auf eine bestimmte Weise, um das zu bekommen, was er möchte. Der Löwe erhält sein Festmahl durch Selbstkontrolle, der Hund, wenn er war-

Ruhiger Fokus erlaubt es dem Hund, Informationen zu verarbeiten.

tet, während der Futternapf auf den Boden gestellt wird. Die Verzögerung der Belohnung ist ein Maßstab sowohl für die Impulsivität als auch für die Willensstärke. *Siehe „Das Marshmallow Experiment", Seite 22.*

Oft versagt die Selbstkontrolle, wenn der Hund übererregt ist oder schon zu lange Selbstkontrolle geübt hat. Die Fähigkeit, sich selbst zu kontrollieren, nimmt durch das Ausführen ab – zum Beispiel so lange, wie ich es aushalten kann, einen Kuchen anzuschauen, ohne ihn zu essen! Daher gehört es zum Training von Selbstkontrolle, mit dem Hund in verschiedenen Erregungsstadien zu arbeiten und seine Fähigkeit, einen kontrollierten Gemütszustand beizubehalten, allmählich über längere Zeitdauern zu steigern.

Die Schlüsselrolle zum Erreichen der Selbstkontrolle spielt beim Hund der „richtige" emotionale Status. Ein Hund, der beim Training fiepst, jault oder herumhampelt, zeigt keine gute Selbstkontrolle. Er sollte fokussiert und konzentriert sein. Hunde müssen Selbstkontrolle nicht nur in statischen Positionen – z.B. Sitz und Platz – lernen, sondern auch in der Bewegung beim Bei-Fuß-gehen, beim Rückruf und beim Apportieren. Dies ist für sie oft viel schwerer.

3. Frustrationstoleranz

***Ich will nicht**... der Versuchung nachgeben.*

Die Fähigkeit zur Frustrationstoleranz ist für Hunde kein natürliches Verhalten; es geht viel mehr um all die Beschränkungen, die *wir* ihnen auferlegen. Daher sind wir dafür verantwortlich, dem Hund zu helfen, damit zurechtzukommen.

Nehmen wir zum Beispiel zwei Hunde, die an der Leine geführt werden. Sie wollen zusammenkommen, aber ihre Besitzer verhindern es. Dies ergibt für den Hund keinen Sinn. Aus seiner Sicht ist ein Sozialkontakt eine Belohnung. Oder das Beispiel eines Hundes, der ein Kaninchen sieht. Er könnte es jagen, fangen und töten. Offensichtlich ist der Besitzer dagegen, aber dem Beutetrieb zu folgen – vielleicht sogar mit tödlichem Ausgang – stellt eine höchst belohnende Gelegenheit dar.

Es gibt sehr viele Dinge im Leben eines Hundes, die er nicht haben oder tun darf, weil sie in unserer Gesellschaft nicht angemessen sind. Wir müssen daher mit unseren Hunden arbeiten, um ihre Belastbarkeit so zu steigern, dass ihr Leben nicht frustrierend und stressig ist. Positiv trainierte Hunde müssen lernen, dass das Leben manchmal hart ist und sie brauchen mentale Belastbarkeit, um damit klarzukommen. Ansonsten ist ihr tägliches Leben mit emotionaler Negativität angefüllt, egal, wie viele Leckerchen sie für ihre Tricks bekommen.

Bei Frustrationstoleranz geht es um den Aufbau von Motivation für andere angemessenere Optionen. Für meine Hunde bedeutet Frustrationstoleranz zum Beispiel die anstrengende Jagd durchs Gestrüpp, das Finden und Aufstöbern eines Fasans, um dann zuzugucken, wie ein Labrador ihn apportiert. Die Aufgabe meiner Hunde ist nicht das Apportieren von Fasanen, sondern nur die Jagd auf sie. Sie bekommen Unmengen von Belohnungen, wenn sie sitzen und aufregende Dinge wie andere Hunde bei der Arbeit oder schwimmende Enten im Fluss beobachten. Man braucht effektive Verstärkungsstrategien, um das richtige Verhalten aufzubauen und den Glauben des Hundes daran zu stärken, dass es eine gute Wahl ist, der Versuchung zu widerstehen. Dies ist etwas völlig anderes und viel schwieriger, als einfach die Belohnung hinauszuzögern.

Trainingsstrategie

Um die drei Bestandteile der Impulskontrolle – Fokus, Selbstkontrolle und Frustrationstoleranz – zu trainieren und den Hund zu fördern, ruhig und entspannt zu sein, müssen wir sein Gehirn umschulen. Aber wie machen wir das? Man sagt: „*Neurons that fire together wire together.*“ Dies bedeutet, je häufiger Neuronen miteinander aktiv sind, umso bevorzugter werden sie aufeinander reagieren.

Wir möchten die Denkmuster des Hundes so verändern, dass er glaubt, Fokus, Selbstkontrolle und Frustrationstoleranz seien gute Wahlmöglichkeiten. Erinnern wir uns daran, dass dies Fähigkeiten und keine Verhaltensweisen sind. Wir möchten dem Hund dabei helfen, die Fähigkeit zu entwickeln, sich auf eine bestimmte Art zu verhalten und dieses Verhalten auf verschiedene Situationen zu übertragen.

Kognitive Kontrolle

Der erste Schritt zum Erzeugen neuer, erwünschter Denkmuster ist die Förderung der so genannten kognitiven Kontrolle. Dies umfasst den Einsatz kognitiver Fähigkeiten, die eine Leistung ermöglichen. Es handelt sich um die Fähig-

Hat ein Hund die kognitive Kontrolle, ist es ihm möglich, Ablenkungen herauszufiltern und sich seiner Aufgabe zu widmen.

keit, seine Gedanken, Handlungen und Emotionen zu kontrollieren, um eine Aufgabe zu erfüllen.

In Bezug auf Selbstkontrolle und Frustrationstoleranz haben wir exakt die gleichen Erwartungen. Wir möchten, dass das Verhalten unserer Hunde in verschiedenen Situationen weniger emotional und impulsiv, sondern eher kognitiv ist. Kognitive Kontrolle ist verantwortlich für das Aufrechterhalten der Aufmerksamkeit und die Selbstregulation des Verhaltens.

Es gibt drei hauptsächliche Bestandteile der kognitiven Kontrolle:

1. Arbeitsgedächtnis: Die Fähigkeit, Information zu behalten und anzupassen.

2. Kognitive Flexibilität: Die Fähigkeit, Fokus und Aufmerksamkeit auf eine einzige Aufgabe zu richten, aber auch den Fokus zwischen Aktivitäten umzuschalten.

3. Selbstkontrolle/hemmende Kontrolle: Die Fähigkeit, impulsiven Reaktionen und Versuchungen zu widerstehen, Ablenkungen herauszufiltern, Gewohnheiten zu ändern sowie innezuhalten und nachzudenken.

Wir können diese Fähigkeiten bei Hunden entwickeln, indem wir mit ihnen Suchspiele und Spiele für das Arbeitsgedächtnis machen, die aktive Hemmung, die verzögerte Belohnung und das Umschalten zwischen Aufgaben fördern – all das wird noch später in diesem Buch beschrieben.

Das Marshmallow-Experiment

In den 1960er Jahren hat Walter Mischel, Psychologie-Professor an der amerikanischen Stanford-Universität, einen Test entwickelt, der als das Marshmallow-Experiment bekannt wurde. Hierbei wurden Kinder vor die Wahl gestellt, sofort einen Marshmallow oder später zwei Marshmallows zu bekommen. Mit Hilfe des Tests wollte man die Fähigkeit eines Individuums untersuchen, die Belohnung mit der Aussicht auf eine noch bessere Prämie zu verzögern.

Die weitere Forschung über viele Jahrzehnte hat gezeigt, dass die Fähigkeit zur Selbstkontrolle in frühen Jahren einen signifikanten Einfluss auf Ausbildung, Arbeit, Beziehungen und Erfolg im späteren Leben hat.

Zum Verständnis der Bedeutung von Selbstkontrolle schauen wir uns am besten die Funktionen des Gehirns an.

Wir unterscheiden zwei Hauptbestandteile des Gehirns:

Das heiße (limbische) System

Das limbische System (auch primitives Gehirn genannt) reguliert Verlangen, Emotionen, Angst, Aggression, Hunger und Sexualität und wird für die grundsätzlichen Bedürfnisse zum Überleben benötigt. Innerhalb des limbischen Systems befindet sich die Amygdala, die den Körper für Aktionen vorbereitet. Es prüft keine Konsequenzen und handelt ohne nachzudenken.

Es ist bereits bei der Geburt voll funktionsfähig und für das impulsive Verhalten zuständig. Im Marshmallow-Experiment wurde es als „heißes“ oder „sofort“ System bezeichnet, weil es für das sofortige Überlebensverhalten verantwortlich ist. Das limbische System will die unmittelbare Belohnung, es läuft reflexartig und schnell ab und wird durch großen Stress aktiviert.

Das kalte (Cortex-) System

Die Hirnrinde (Cortex), die bei Hunden deutlich schmaler ist als beim Menschen, dient den höheren Funktionen des Denkens. Sie ist kognitiv, komplex und reflektierend und reagiert langsamer als das limbische System. Der Cortex nimmt bei der Selbstkontrolle eine Schlüsselstellung ein, weil er ein Umlenken der Aufmerksamkeit und eine Änderung der Strategien ermöglicht. Im Marshmallow-Experiment wurde er als „heißes“ System bezeichnet.

Die Hirnrindenfunktionen verbessern sich im Laufe des Lebens bis zu einem bestimmten Punkt, um anschließend bei Hunden und Menschen nachzulassen. Die kognitive Kontrolle reduziert sich im Alter ebenfalls (bei Hunden bekannt als canine Dysfunktion) und kann auch durch großen Stress gestört werden.

Das Marshmallow-Experiment soll Kinder dabei unterstützen, ihr kaltes System zu benutzen, um erfolgreich eine Belohnung hinauszuzögern. Dies erreicht man durch Selbstregulation. Auf exakt die gleiche Weise können wir durch Training unseren Hunden dabei helfen, ihr kaltes System einzuschalten.

Wenn dem Hund der Hut hochgeht

Wir alle haben schon Tage erlebt, an denen bei unseren Hunden überhaupt nichts mehr geht.

Dr. Daniel Seigel, ein international anerkannter Pädagoge und praktizierender Kinderpsychiater, hat das „Handmodell“ des Gehirns entwickelt, damit wir uns besser vorstellen können, was im Gehirn passiert.

Die **Handwurzel** entspricht dem Hirnstamm und der in die Handfläche eingezogene **Daumen** dem limbischen oder heißen System, das Erregung, Gefühle und Kampf-/Flucht-Reaktionen reguliert. Die **Finger** symbolisieren den Cortex oder das kalte System, d.h. die obere Rinde des Gehirns, die (über Handwurzel und Daumen geklappt) das limbische System umhüllt. Dies erlaubt uns zu denken und zu überlegen. Der vordere Teil der Hirnrinde, der so genannte präfrontale Cortex, reguliert das limbische System und den Hirnstamm.

Bei zuviel Druck oder Stress „geht der Cortex-Hut hoch“, d.h. das Gehirn kann nicht mehr denken, flexibel sein oder Impulse kontrollieren. Wenn Ihrem Hund der Hut hochgeht, müssen Sie das Training abbrechen, eine Pause machen und ihm Zeit geben, um sich zu erholen.

Hirntraining, nicht Verhaltenstraining

Das Gehirn ist flexibel und verfügt über Plastizität – das heißt, es kann sich verändern und entwickeln, aber dies erfordert Übung und Können. Durch tägliches Üben kann der Cortex an den richtigen Stellen stärker werden und die Neuronen werden mit größerer Wahrscheinlichkeit feuern: so wird die Fähigkeit zur Kontrolle des limbischen Systems gestärkt.

Menschen können an solchen Neuverschaltungen ihres Gehirns mit Hilfe von Achtsamkeit, kognitiver Verhaltenstherapie und Meditation arbeiten, um im täglichen Leben besser zurechtkommen zu können. Bei all diesen Methoden lernt man, weniger impulsiv und mehr kognitiv zu sein. Auf MRT-Aufnahmen kann man sehen, dass Training die neuralen Netzwerke im Gehirn verändert und die Dichte der grauen Substanz im Cortex zunimmt. Heute lehrt man Kinder kognitive Kontrolle, damit sie ihren Cortex verbessern und trainieren.

Je jünger wir sind, desto mehr Neuronen feuern und desto formbarer ist das Gehirn. Das Gehirn lernt während der Entwicklung und durch Praxis und Erfahrung, welche Wege es nutzen muss. Diese Plastizität reduziert sich mit dem Alter, daher ist es so wichtig, bei Welpen frühzeitig das Training aufzunehmen und gute Gewohnheiten durch Abfeuern der richtigen neuralen Netzwerke aufzubauen.

Interessanterweise haben MRT-Aufnahmen auch gezeigt, dass die Rückseite des Hippocampus – ein Teil des Gehirns, der in die räumliche Orientierung einbezogen ist –, bei Taxifahrern größer ist. Dies belegt, dass das Training eines Gehirnbereichs einen signifikanten Effekt sowohl auf die physische Form als auch auf die Funktionsfähigkeit hat.

Bei den Übungen in diesem Buch handelt es sich nicht um bestimmte Tricks oder Verhaltensweisen, die Sie mit Ihrem Hund trainieren sollen. Es sind vielmehr Übungen zum Training des Gehirns, die Ihrem Hund bei der Entwicklung von Fähigkeiten helfen sollen, die er auf verschiedene Situationen übertragen kann.

Es ist also Gehirntraining und nicht Verhaltenstraining! Es motiviert Hunde, am Aufbau ihrer selbstregulatorischen Stärke zu arbeiten, damit sie innehalten und nachdenken, Versuchungen widerstehen, ihre Impulse kontrollieren und Frustration ertragen können.

2 Ihre Trainings-Werkzeugkiste

In den letzten zwanzig Jahren wurde sehr viel darüber geforscht, wie Hunde lernen. Wir wissen nun viel mehr über die Neurobiologie einschließlich der Hauptemotionen und ihren Einfluss auf das Verhalten sowie die neuralen Netzwerke, die an der Impulskontrolle beteiligt sind. Das Verständnis der Hirnfunktionen des Verhaltens wurde durch MRT und andere Technologien auf ein neues Niveau gehoben.

Dieses erweiterte Wissen hat der Anwendung positiv basierter Trainingsansätze Aufschwung gegeben. Die Erkenntnis, dass Tiere empfindende Wesen sind, die Gefühle haben, bringt uns auch zu einer neuen Sicht auf die ethischen Aspekte, die mit einem effektiven Hundetraining einhergehen.

Positiv trainierte Hunde haben immer Wahlmöglichkeiten; sie müssen keine Konsequenzen befürchten. Das Ziel ist der Aufbau verlässlicher Verhaltensweisen, besonders, wenn es um Arbeitshunde geht, die hoch motiviert sein und dennoch ihre Impulse kontrollieren sollen.

Die emotionale Reise, die ein Hund beim Lernen erfährt, ist entscheidend für den Erfolg. Wir müssen sicher sein, dass es während dieses Prozesses nicht – oder nur sehr begrenzt – zu Frustration, emotionalen Konflikten oder Langeweile kommt. Ein Hund, der die Wahl hat, wird sich niemals für Konflikt, Langeweile oder Frust entscheiden, wenn er eine andere Option hat, die ihn glücklich macht. Denken Sie daran, dass Hunde im Grunde vergnügungssüchtige Wesen sind. Sie suchen nach genussvollen Erfahrungen, mit denen sie sich wohlfühlen.

Warum Clickertraining?

Unser Trainingsziel ist es, dem Hund eindeutige Informationen zusammen mit der richtigen Verstärkung zu geben, um die Motivation zu fördern und den Wunsch, das „gewählte“ Verhalten zu wiederholen. Clickertraining ermöglicht uns genau das. Mit einem Marker können wir dem Hund eine klare und präzise Rückmeldung geben, ihm verdeutlichen, was wir wollen und was Belohnung verspricht.

Der Clicker ist ein kleines Kästchen, das auf Daumendruck ein „Clickgeräusch" produziert. Es gibt eine Reihe verschiedener Typen auf dem Markt; die besten sind als Boxclicker und Knopfclicker bekannt. Der Knopfclicker ist leiser und besser für geräuschempfindliche Hunde. Man kann auch einen verbalen Clicker – ein Clickerwort – benutzen, beispielsweise einsilbige Wörter wie „gut", „ja" oder „fein". Es ist wichtig, dass Ihr Clickerwort ausschließlich für das Clickertraining benutzt wird und nicht in einem anderen Kontext.

Mit einem Clicker können Sie „korrektes" Verhalten exakt in dem Moment markieren, in dem es passiert.

Stellen Sie sich vor, Sie machen einen Schnappschuss des „richtigen" Verhaltens genau in dem Moment, in dem Ihr Hund es zeigt. Sie markieren es mit einem Click, und wenn Ihr Hund den Click hört, versteht er, dass er das Richtige getan hat und dafür belohnt wird.

Clickertraining verbessert die Information und die Rückmeldung an den Hund, er lernt leichter und dadurch schneller.

Meine Einführung in das Clickertraining habe ich durch Karen Pryors grundlegende Arbeit „*Don't shoot the dog*"[2] erhalten. Ich war gerade in dem Prozess, mich zum positiven Training umzuorientieren und hatte manchmal das Locken und Belohnen (s.S.37) angewendet. Jedoch waren meine Hunde sehr schnell auf das Futter in meiner Hand fixiert und folgten ihm. Ich erkannte dann, dass das Clickertraining und das Modellieren von Verhaltensweisen (s.S.39) mir die nötige Flexibiltät geben würde.

Ich konnte kaum abwarten, damit anzufangen, und es dauerte nicht lange, bis ich eine leidenschaftliche Bekehrte war. Ich liebte es und meine Hunde auch!

2 Deutsch: Karen Pryor. Positiv bestärken, sanft erziehen. Kosmos-Verlag.

Nun konnte ich klar und effektiv trainieren und auch mit neuem Verhalten experimentieren. Meinem polnischen Niederungshütehund brachte ich durch Einfangen und Shaping bei, Mundbewegungen nachzuahmen und meine Leonbergerhündin lernte, auf Signal mit dem Schwanz zu wedeln.

Dies endete – wie bei den meisten Clicker-Autodidakten – mit Hunden, die rund um die Uhr kreativ waren. Es sollte noch einige Jahre dauern, bis ich gelernt hatte, wirksamker zu trainieren, indem ich Regeln zum Shaping aufstellte, Trainingsstunden plante und Teilschritte effektiver einsetzte. Die Beziehung zu meinen Hunden veränderte sich sehr, als ich zu verstehen begann, welche wunderbaren Dinge Hunde tatsächlich lernen können.

Es wurde mir auch bewusst, wie sehr Korrekturen die Lernfähigkeit unterdrücken. Hunde, die beim Lernen Unangenehmes erfahren, bekommen Angst davor, etwas falsch zu machen und quälen sich mit der Lösung ihrer Probleme ab. Sie erwarten Korrekturen und werden entweder zunehmend gestresst oder schalten völlig ab.

Clickertraining hat zwei Konsequenzen: Entweder Click und Belohnung oder keinen Click und keine Belohnung. Daraus folgt, dass der Hund hart – aber ohne Angst – arbeitet, um herauszufinden, wie er einen Click verdienen und die Belohnung bekommen kann. Fehler werden nicht belohnt, daher versucht der Hund es weiter, bis er die Belohnung bekommt, die er möchte.

Klassische Konditionierung

Um mit dem Clickertraining beginnen zu können, muss der Hund eine Assoziation herstellen: das Geräusch des Clickers bedeutet, dass er eine Belohnung bekommt. Es ist eine klassische Konditionierung, die auf der Arbeit des russischen Arztes Ivan Pavlov basiert. Vereinfacht gesagt hat Pavlov in seinen Experimenten bei einer Gruppe von Hunden den Klang einer Glocke mit Futter verknüpft. Schließlich fingen die Hunde an zu speicheln, wenn sie nur die Glocke hörten – sie hatten den Klang damit assoziiert, dass Futter auf dem Weg war.

Den Clicker aufladen

Beim Clickertraining muss der Hund eine Verknüpfung zwischen dem Clickgeräusch und einer Belohnung herstellen: Ein Click kündigt eine Belohnung an. Dies bezeichnet man auch als Aufladen des Clickers; es ist eine leichte Übung, die nicht mehr als eine Trainingsstunde in Anspruch nimmt:

Wählen Sie eine Umgebung, die frei von Ablenkungen ist und halten Sie Ihren Clicker, ein paar leckere Belohnungen – und Ihren Hund – bereit.

Zeigen Sie Ihrem Hund, dass Sie Leckerchen haben, clicken und belohnen Sie.

Der Click sollte zuerst kommen – vor irgendeiner Bewegung in Zusammenhang mit dem Leckerchengeben. Konzentrieren Sie sich darauf ruhig zu sein, wenn Sie clicken und bewegen Sie sich erst nach dem Click, um die Belohnung zu geben.

Nach höchstens zehn Wiederholungen sollte der Prozess abgeschlossen sein.

Der Click muss zuerst kommen – halten Sie Ihre Körpersprache neutral...

...und dann folgt die Belohnung mit einem Leckerchen.

Operante Konditionierung

Hat Ihr Hund die Assoziation zwischen Click und Belohnung hergestellt, können Sie das Training mit Hilfe der operanten Konditionierung beginnen. Bei dieser Trainingsmethode ist Lernen das Ergebnis von Konsequenzen, die positiv oder negativ sein können.

Die Lerntheorie unterscheidet vier Quadranten der operanten Konditionierung:

- Positive Verstärkung
- Positive Bestrafung
- Negative Bestrafung
- Negative Verstärkung

Im Kontext der operanten Konditionierung bedeutet „positiv“ etwas hinzufügen und „negativ“ etwas wegnehmen.

Bestrafung verringert und Verstärkung steigert.

Die Konsequenzen bewirken die Zu- oder Abnahme einer Verhaltensweise wie folgt:

Positive Verstärkung: Etwas Angenehmes hinzufügen, um die Häufigkeit einer Verhaltensweise zu steigern.

Positive Bestrafung: Etwas Unangenehmes hinzufügen, um die Häufigkeit einer Verhaltensweise zu senken.

Negative Bestrafung: Etwas Angenehmes wegnehmen, um die Häufigkeit einer Verhaltensweise zu senken.

Negative Verstärkung: Etwas Unangenehmes wegnehmen, um die Häufigkeit einer Verhaltensweise zu steigern.

✔	Positive Verstärkung (Befriedigung/Freude)
✘	Negative Bestrafung (Frustration/Ärger)
✘	Positive Bestrafung (Furcht/Angst)
✔	Negative Verstärkung (Erleichterung/Sicherheit)

Diese Konsequenzen erzeugen Emotionen:

Positive Verstärkung: erzeugt Befriedigung und Freude.

Positive Bestrafung: erzeugt Furcht und Angst.

Negative Bestrafung: erzeugt Frustration und Ärger.

Negative Verstärkung: erzeugt Erleichterung und Sicherheit.

Beim Clickertraining werden nur zwei Quadranten der operanten Konditionierung angewendet:

Positive Verstärkung: Eine Belohnung hinzufügen.

Negative Bestrafung: Eine Belohnung zurückhalten.

Der Schlüssel zu einem guten Clickertraining ist, die negative Bestrafung minimal zu halten. Wenn Ihre Anforderungen zu hoch sind, erhält der Hund viel negative Bestrafung und nicht so viel positive Verstärkung und wird daher frustriert oder sogar ärgerlich!

Wenn positives Training spärlich angewendet wird, kann es emotional bestrafend wirken. Wiederholung von beiden Konsequenzen führt zwar zum gewünschten Verhalten, beinhaltet aber viel Negativität, die mit Ihnen selbst verknüpft wird. Daher ist es wichtig, die Belohnungsrate hoch und die Bestrafungsrate niedrig zu halten, um die Verhaltensweisen und Fähigkeiten mit positiven Gefühlen wie Freude und Befriedigung zu verknüpfen.

Brückensignal

In der Welt der Wissenschaft wird das Geräusch des Clickers Brückensignal genannt. Im Tiertraining werden Brückensignale schon seit den 1940er Jahren angewendet – sprich die Idee ist nicht neu, nur der Clicker selbst ist eine modernere Erfindung.

Ein Brückensignal ist ein Marker für ein Ereignis, das eine gewünschte Reaktion darstellt und die Zeit zwischen dem beobachteten Verhalten und der Gabe der Belohnung überbrückt. Der Clicker – das Clickgeräusch – markiert das gewünschte Verhalten und überbrückt die Zeitspanne, bis der Hund seine Belohnung erhält.

Ein Brückensignal muss kein Clicker sein und Ihre Belohnung kein Leckerchen. Wenn meine Hunde jagen, markiere ich beispielsweise das Umdrehen zu mir mit einem verbalen „gut", meinem Brückensignal, und die Belohnung ist die Erlaubnis zum Weiterjagen.

Halten Sie Ihr Versprechen!

Leider können wir Fehler nicht vermeiden und es wird unausweichlich hin und wieder passieren, dass Sie zur falschen Zeit clicken.

Sie haben nicht exakt das gewünschte Verhalten markiert, aber für diesen Fehler sollte nicht Ihr Hund büßen. Der Click ist ein Versprechen, dass er eine Belohnung bekommen wird. Wenn Sie ihn nicht belohnen, brechen Sie Ihr Versprechen.

Daher sollte auf jeden Click eine Belohnung folgen. Wenn Sie Schwierigkeiten haben und zu viele Fehler machen, versuchen Sie, Ihr Timing ohne Hund zu üben:

Lassen Sie einen Tennisball springen und clicken Sie jedes Mal, wenn der Ball den Boden berührt – auf diese Weise können Sie Ihre Genauigkeit und Ihr Timing verbessern!

Übung macht den Meister!

Clickertraining in Aktion

Sie können das Clickertraining anwenden, indem Sie irgendein gutes Verhalten, das Ihr Hund von sich aus zeigt, einfangen und aufbauen. Beispielsweise den Blickkontakt zu Ihnen oder das spontane Hinsetzen (das Spontan-Sitz).

Clicken/markieren Sie genau das Verhalten, das Sie möchten: Der Clickpunkt für das Sitzen ist der Moment, in dem das Hinterteil des Hundes den Boden berührt. Wenn Sie an einem Verhalten arbeiten, das Bewegung umfasst, wie beispielsweise Bei-Fuß-gehen, müssen Sie clicken, während der Hund in Bewegung ist, in der gewünschten Position an Ihrer Seite.

Blickkontakt einfangen

Wenn Sie mit Futter trainieren, müssen Sie darauf achten, dass der Hund lernt, sich auf Sie zu fokussieren, um die Belohnung zu bekommen. Manchmal liegt der Fokus auf dem Futter selbst, auf Ihren Händen, Taschen, Leckerchenbeuteln oder dem Clickerdaumen! Besonders, wenn Ihr Hund sich auf das Futter fokussiert, ist es schwierig, dies später wieder auszublenden.

Den Blickkontakt mit dem Clicker einfangen.

In folgenden Schritten können Sie Ihrem Hund beibringen, den Fokus auf Sie zu richten:

- Stehen Sie zuerst mit seitlich herabhängenden Händen und Ihren Leckerchen in der Tasche. Clicken und belohnen Sie jeden Augenkontakt.

- Wiederholen Sie dies fünf Mal.

- Nun warten Sie, bis der Hund zu Ihnen schaut. Dies wird schließlich passieren, auch wenn der Hund vielleicht zuerst auf das Futter starrt. Warten Sie ab und er wird merken, dass er damit nicht vorankommt. Wenn er Sie anschaut – clicken und belohnen. Dies kann nur einen Sekundenbruchteil dauern, also halten Sie Ihren Clicker bereit.

- Es ist wichtig, dass Ihre Hände seitlich herabhängen, entspannt und von Ihrem Gesicht entfernt sind, damit Sie den Augenkontakt mit dem Hund deutlich erkennen. Ich empfehle, dies an vielen Orten zu üben.

Möchten Sie diesem Verhalten einen verbalen Hinweis zuordnen, schlage ich vor, den Namen des Hundes zu verwenden. Es ist wichtig, dass der Hund motiviert und aufgeregt ist, wenn er seinen Namen hört, damit er jedes Mal reagiert und Sie nicht ignoriert.

Die entscheidenden Schritte dabei sind:

- Benutzen Sie nie den Namen Ihres Hundes in einem negativen Kontext, wie „Max, nein“, „Max, lass das“.

- Wenn Sie den Namen des Hundes ausgesprochen haben, belohnen Sie reichlich mit Leckerchen, Spielen und Zuwendung.

- Üben Sie, den Hund zu rufen und ihn für jede Reaktion zu belohnen.

Das Spontan-Sitz

Sitzen ist ein einfaches Verhalten und es verhindert viele Problemverhalten wie Hochspringen, Losjagen und Vorwärtszerren. Es ist ein Basisverhalten, das Sie einsetzen können, um in verschiedenen Situationen Kontrolle zu trainieren.

Wir sprechen vom Spontan-Sitz, wenn der Hund dieses Verhalten aus eigenem Antrieb zeigt und nicht dazu aufgefordert wird. Wir nutzen eine aufmerksame Haltung aus, in der wir den Hund lehren können, über seine normalen, instinktiven Reaktionen nachzudenken und eine bessere Wahl zu treffen. Dafür müssen wir für den Hund eine Historie aufbauen, die daraus besteht, dass er sich für das Verhalten entscheidet und dafür belohnt wird.

Das Spontan-Sitz wird ohne verbalen Hinweis ausgeführt und ist in vielen verschiedenen Situationen von unschätzbarem Wert.

Sie können zuhause jedes Hinsetzen belohnen, indem Sie den Hund einfach jedes Mal loben, wenn Sie sehen, dass er sitzt. Er wird denken „Die Menschen lieben es, wenn ich mich setze" und wird es Ihnen anbieten, wenn er etwas möchte. So bringen Sie ihm bei, höflich zu fragen:

- Fordern Sie ihn zum Sitzen auf und belohnen Sie ihn.
- Wiederholen Sie fünf Mal: verbaler Hinweis und jedes Sitz belohnen.
- Nun unterlassen Sie den verbalen Hinweis und warten, ob der Hund das Verhalten ohne Anweisung zeigt. Falls ja, Click und Belohnung.

Wenn Sie mit Ihrem Hund arbeiten, ist es gut, eine Sammlung angebotener Verhaltensweisen aufzubauen. Dies ist seine Werkzeugkiste guter Wahlmöglichkeiten. Wenn Sie daher irgendetwas sehen, was Ihnen gefällt, belohnen Sie es. Denken Sie daran: Was belohnt wird, wird wiederholt.

Die großen Drei

Für das Lehren neuer Verhaltensweisen werden am häufigsten drei Trainingsmethoden angewendet:

- Shaping
- Locken und Belohnen
- Modellieren oder Formen

Shaping

Shaping ist ein System des unabhängigen Lernens, das sukzessive Annäherungen nutzt und in Verbindung mit einem Clicker sehr effektiv ist.

Das Ziel ist es, mit dem Hund jede kleine Stufe bis zum Endresultat auszuarbeiten. Es erfordert Nachdenken und Problemlösung. Durch Shaping erlangt man ein tiefes Verständnis des Verhaltens und eine unabhängige Fähigkeit, es zu trainieren. Der Schlüssel zum erfolgreichen Shaping ist ein gutes Einteilen der Einzelschritte, damit die Belohnungsrate hoch und die Frustration minimal ist. Das Ergebnis ist ein hochmotivierter Hund, der schnell lernt.

Um effektiv zu sein, muss der Ausbilder lernen, eine Übung in kleine Schritte aufzuteilen und dem Hund die Ermutigung – und die Zeit zum Nachdenken – zu geben, die er braucht. Hunde, die zuvor mit abhängigen Lerntechniken unterrichtet wurden – d.h. denen immer exakt gezeigt wurde, was sie tun sollen –, können zögern, Verhalten anzubieten. Dies gilt auch, wenn ein Hund bestraft oder einer anderen Form des negativen Trainings ausgesetzt wurde.

Wenn ich shape, benutze ich ein Shaping-Signal – ich setze mich auf einen Stuhl. Der Hund weiß nun, dass es an der Zeit ist, kreativ zu sein. Alternativ können Sie sich auch einen Hut aufsetzen oder irgendein anderes visuelles Signal wählen, damit der Hund weiß: Jetzt geht das Spiel los. Er lernt einen An-/Aus-Schalter kennen, damit er sich nicht zu einem rund um die Uhr kreativen Genie entwickelt, was für alle Beteiligten sehr strapaziös wäre.

Beim Shaping geht es darum, das Verhalten in die kleinstmöglichen Schritte aufzuteilen. Sie müssen jeden Schritt clicken und belohnen und dann den Click hinauszögern, bis der Hund etwas mehr anbietet. Ein wenig Frustration fördert die Intensität und Leistung und ermutigt ihn, ein bisschen mehr zu geben. Zuviel Frustration wird jedoch zu einer negativen emotionalen Reaktion führen und die Fähigkeit zur effektiven Problemlösung unterdrücken.

Sobald das Verhalten flüssig und vollständig ist, wird ein verbales Zeichen zugefügt. Diese Aufforderung sollte nach der Belohnung gegeben werden und unmittelbar bevor das Verhalten erneut angeboten wird.

Shaping in Aktion

Anmerkung: Bei beiden folgenden Übungen wird die Belohnung strategisch gegeben. Mehr Informationen zum Platzieren der Belohnung finden Sie auf S. 63.

Steh

- Werfen Sie ein Leckerchen ein kurzes Stück weit weg.
- Fangen Sie in kleinen Schritten an, beispielsweise, wenn der Hund sich vor Sie stellt. Clicken und belohnen Sie, indem Sie das Leckerchen wieder über eine kurze Distanz werfen. Dies erlaubt dem Hund, von vorn zu beginnen und etwas Neues anzubieten.
- Steigern Sie die Anforderungen allmählich. Clicken und belohnen Sie (auf Distanz) jeden Schritt, der Sie dem Endziel näher bringt.
- Endresultat – der Hund bleibt statisch stehen – clicken und belohnen Sie (auf Distanz).
- Abschließend fügen Sie ein Signal hinzu, dann clicken und belohnen Sie (auf Distanz).

Einen Kegel umrunden

- Setzen Sie sich auf einen Stuhl und geben Sie Futter von der linken Seite Ihres Stuhls.
- Bilden Sie Teilschritte (Bewegungen in Richtung auf den Kegel), clicken und belohnen Sie von der linken Seite des Stuhls.
- Steigern Sie die Kriterien allmählich (von der Bewegung in Richtung auf den Kegel zu einem Umrunden), clicken und belohnen Sie von der linken Seite des Stuhls.
- Endresultat – der Hund umrundet den Kegel – clicken und belohnen Sie von der linken Seite des Stuhls.
- Abschließend fügen Sie ein Signal hinzu, dann clicken und belohnen Sie von der linken Seite des Stuhls.

Locken und Belohnen

Locken und Belohnen ist abhängiges Lernen, bei dem der Hund mit Futter in eine gewünschte Position oder zur Ausführung eines gewünschten Verhaltens gelockt wird. Es führt sehr schnell zu einem sichtbaren Ergebnis, allerdings braucht wirklich tiefes Lernen länger. Locken ist ein bisschen wie das Aufstellen eines Gerüsts: Es stützt in der Anfangsphase, aber es muss später wieder abgebaut werden.

Locken erfordert gute Futtermanieren und dass der Hund warten und für eine sichtbare Belohnung arbeiten kann. Der Fähigkeit, Belohnungen wieder ausschleichen zu können, kommt bei diesem Ansatz eine Schlüsselrolle zu, damit der Hund die anfängliche Abhängigkeit von Ihrer Unterstützung wieder loswerden kann und auch dann arbeiten kann, wenn er die Belohnung nicht vor Augen hat. Bei einem Hund mit guten Futtermanieren wird der Einsatz des Lockens und Belohnens nicht zur Frustration führen.

Locken und Belohnen in Aktion

Steh

- Der Hund sitzt vor Ihnen und Sie halten ein Leckerchen vor seine Nase.

- Bewegen Sie das Leckerchen in einer geraden waagerechten Linie von ihm weg. Dies sollte ihn dazu bringen, sich hinzustellen. Loben Sie ihn und belohnen ihn mit dem Leckerchen.

- Nach ein paar Wiederholungen fügen Sie ein Signal hinzu und fahren damit fort, ihn in Position zu locken. Loben und belohnen.

- Nun stecken Sie das Leckerchen in Ihre Tasche. Sagen Sie das Signal und führen Sie den Hund mit einer Handbewegung in Position. Loben und belohnen Sie mit dem Leckerchen aus Ihrer Tasche.

- Wiederholen Sie und blenden Sie dabei die Handbewegung immer weiter aus. Loben und belohnen.

- Schließlich geben Sie nur das Signal – ohne weitere Unterstützung. Loben und belohnen.

Einen Kegel umrunden

- Zeigen Sie Ihrem Hund, dass Sie ein Leckerchen haben und benutzen Sie es, um ihn um den Kegel herum zu locken. Loben und belohnen.

- Nach einigen Wiederholungen fügen Sie ein Signal ein und locken den Hund um den Kegel. Loben und belohnen.

- Nun stecken Sie das Leckerchen in die Tasche, geben das Signal und führen den Hund mit einer Handbewegung um den Kegel. Loben und belohnen Sie mit dem Leckerchen aus Ihrer Tasche.

- Geben Sie das Signal und bauen Sie die Handbewegung immer weiter ab. Loben und belohnen.

- Schließlich geben Sie das Signal, loben und belohnen, Sie sobald Ihr Hund den Kegel umrundet hat.

Modellieren

Beim Modellieren setzt man physischen Druck ein, um den Hund in die gewünschte Position zu bringen. Sobald er in der richtigen Position ist, hört man mit dem Druck auf. So wurde es mir beigebracht, als ich mit dem Training anfing. Hunde, die es gewöhnt sind, physischen Kontakt zu haben oder hochgehoben zu werden, kommen damit zurecht. Wenn sie jedoch ungern angefasst werden oder dies nicht kennen, können sie es schrecklich finden.

Zum Start der Übung wird das Signal gegeben und dann Druck ausgeübt. Wenn der Hund in der gewünschten Position ist, wird der Druck weggelassen. Dies ist negative Verstärkung; man kann diese Trainingsmethode am besten mit Druck an/Druck aus beschreiben.

Modellieren in Aktion

Steh

- Geben Sie das Signal, dann bugsieren Sie den Hund aus dem Sitz in die richtige Position (eine Hand zieht ihn an der Leine vorsichtig nach vorn, die andere Hand gleitet langsam vom Nacken seitlich bis zur Flanke. Auf die Flanke wird ein leichter Druck ausgeübt, um den Hund zum Stehen zu bringen.) Loben und belohnen.
- Geben Sie das Signal und bauen Sie die Unterstützung mit der Hand allmählich ab. Loben und belohnen.
- Schließlich geben Sie nur noch das Signal und keine andere Hilfe. Loben und belohnen Sie das unbewegliche Stehen.

Einen Kegel umrunden

- Geben Sie das Signal und bugsieren Sie den Hund mit Unterstützung der Leine um den Kegel herum. Loben und belohnen.
- Geben Sie das Signal und bauen Sie das Modellieren langsam ab. Loben und belohnen.
- Schließlich geben Sie nur noch das Signal und keine andere Hilfe. Loben und belohnen Sie das Umrunden des Kegels.

Für mich ist es völlig unnötig, Hunde auf diese Weise zu trainieren. Ich möchte, dass Hunde, besonders Welpen, Berührungsreize positiv verknüpfen.

Als Trainer sollten wir uns über die Lehre und ihre Anwendung Gedanken machen, damit wir mit Methoden arbeiten können, die sowohl geeignet als auch effektiv sind. Das Modellieren scheint mir eine menschliche Hauruck-Reaktion zu sein, wenn die Dinge nicht nach Plan laufen. Wenn Sie also merken, dass Ihr Training nicht funktioniert, hören Sie damit auf und finden Sie heraus, was schief gegangen ist, damit Sie einen neuen positiven Weg finden.

Trotzdem möchten Sie einen Hund mit einer gewissen Resilienz, der sich ohne Stress überall anfassen und einschränken lässt. Um dies zu erreichen, sollten Sie den Fokus auf Handling und Beschränkungen als separate Fähigkeiten legen (siehe Soziale Kommunikation, S. 73), damit Sie die Möglichkeit nutzen, das gewünschte Verhalten zu verstärken.

Distanztraining

Dies ist ein Basistraining, das Sie nach zwei verschiedenen Methoden lehren können (siehe unten). Ihr Hund soll dabei lernen, mit Ihnen auf Distanz zu arbeiten und bis zum nächsten Zeichen auf seiner Position zu bleiben.

Für dieses Training benutze ich ein Placeboard, d.h. ein Podest, das groß genug ist, dass der Hund darauf sitzen kann. Mein Placeboard ist 5cm hoch, aber das ist unwichtig, solange es dem Hund bewusst ist, auf einer erhöhten Oberfläche zu sitzen. Die Oberfläche des Podestes sollte sicher sein und sich angenehm anfühlen – ich empfehle Kunstrasen, Teppich oder Gummi. Einige Hunde können es kaum abwarten, auf das Podest zu kommen, also sollte es rutschfest sein.

Vor Jahren haben wir für das Wettkampftraining im Obedience Teppichbodenfliesen verwendet, aber das Lernen auf dem Podest geht aus zwei Gründen schneller.

- Der Hund kann nicht immer die Teppichfliese vom Untergrund unterscheiden.
- Es passiert schnell, dass man den Hund dafür belohnt, sich nur teilweise auf der Fliese zu befinden, und dann ist die Information vom Hundeführer

Das Placeboard oder Podest dient als Trainingsstation.

inkonsistent. Es ist für Hund und Führer sehr deutlich, ob der Hund sich ganz auf dem Podest befindet oder nicht.

Wenn Sie bei YouTube Videos anschauen, werden Sie das Training mit dem Placeboard sehen können – besonders von der Jagdhundegemeinschaft –, aber dort werden nur selten positive Methoden eingesetzt. Einige benutzen Elektrohalsbänder, um den Hund dazu zu bringen, auf dem Podest zu bleiben. Er bekommt einen Elektroschock, sobald er herunterspringt! Andere ziehen den Hund an der Leine auf das Placeboard und hindern ihn mit der Leine daran, sich zu bewegen. Obwohl man damit ein physisches Resultat erhält, ist der Hund aus emotionaler Sicht auf dem Podest, weil er keine andere Wahl hat oder Angst hat sich zu bewegen.

Zum Glück kann ich Ihnen einen anderen Ansatz zeigen – einen, bei dem Ihr Hund das Placeboard liebt und sich gerne darauf aufhält. Es wird zu einem sicheren Platz entfernt vom Hundeführer, erlaubt das Lernen von einem großartigen Steh, Distanzkontrolle und Stops.

Der erste Teil des Placeboard-Trainings dient zur Verknüpfung mit den richtigen Emotionen. Danach wird jedes weitere Verhalten, das auf dem Podest unterrichtet wird, das positive Gefühl wieder hervorrufen. Der Hund lernt, sowohl das Podest als auch jedes Verhalten, das damit assoziiert ist, zu lieben.

Die folgenden Signale können wir mit Hilfe des Podestes üben:

1. Bleib und frei

2. Stop

3. Weg

4. Zurück

5. Nach links

6. Nach rechts

Im Kontext des Lernens von Impulskontrolle auf dem Podest muss der Hund aber zwei Fähigkeiten lernen:

1. Auf das Podest steigen, ohne dass Sie in der Nähe sind (Distanz).

2. Die Position (Sitz) und die Dauer (Bleib).

Es gibt zwei Wege, das Podest aus der Distanz einzuführen. Ich würde beide Methoden trainieren, weil beide eine angenehme Verknüpfung zum Placeboard aufbauen.

Methode eins

Diese Methode habe ich von der großartigen Obedience-Leistungstrainerin Jo Hill – der Motivationskönigin! – gelernt. Sie funktioniert ausgezeichnet bei Welpen, ist aber bei älteren Hunden nicht immer erfolgreich. Das liegt daran, dass Welpen keine vorausgegangenen Lernerfahrungen haben und wir ihr natürliches Erwartungsverhalten zu unserem Vorteil nutzen können.

Wenn Sie das Sitz und Bleib schon trainiert haben, ist es einfach, Ihrem Hund das Sitz und Bleib auf dem Podest beizubringen. Es ist eine unkomplizierte Übung, bei der der Hund nicht viel nachdenken muss, um erfolgreich zu sein und belohnt zu werden.

Schritt für Schritt

- Finden Sie einen sicheren, trockenen Platz, an dem sich Ihr Hund ungefährdet ohne Leine aufhalten halten.
- Stellen Sie als Target Ihr Placeboard auf, vorzugsweise vor einer Wand oder irgendeiner Barriere.
- Gehen Sie mit dem Hund ein gutes Stück vom Podest weg – zehn Schritte sind ideal.
- Warten Sie, bis Ihr Hund Sie anschaut.
- Geben Sie ein Signal, z.B. „Podest", (nur einmal) und gehen dann zügig – oder rennen – zum Placeboard.
- Wenn Sie am Podest angelangt sind, füttern Sie unter viel Lob zehn Leckerchen, eins nach dem anderen. Die Belohnung sollte vom Placeboard kommen und nicht aus Ihren Händen.
- Machen Sie nach drei Wiederholungen eine Pause. Hier ist der Schlüssel unterschwelliges Lernen.
- Sobald Ihr Hund zum Placeboard vorausläuft, können Sie damit anfangen, ihn in sitzender Position zu füttern – nun in die Schnauze und nicht mehr vom Podest.

Beim Placeboard-Training arbeiten wir mit der Erwartung. Wenn Ihr Hund schlau und aktiv ist, wird er schon nach wenigen Wiederholungen vorauslaufen, um zum Podest zu gelangen. Schließlich gibt es dort gute Sachen.

Ihr Hund wird auch aufgeregt auf das Signal warten, weil dies ihm Gelegenheit gibt, loszurennen und belohnt zu werden – ein großer Spaß.

Bauen Sie eine positive Verknüpfung zum Placeboard auf, indem Sie viele Leckerchen füttern.

Der Hund rennt zum Placeboard voraus, weil er weiß, wo er belohnt wird.

Wenn Ihr Hund anfängt loszulaufen, können Sie Ihren Schritt verlangsamen und ihn zuerst ankommen und warten lassen.

Methode zwei

Bei diesem Ansatz zur Einführung des Placeboards wird das Shaping eingesetzt (s. S. 35). Es ist eine etwas größere Herausforderung als die erste Methode, weil der Hund dafür über Problemlösungsfähigkeiten verfügen muss.

Wie bereits erwähnt, sitze ich beim Shaping auf einem Stuhl. Dies zeigt dem Hund an, dass wir nun frei shapen und er Probleme lösen und denken muss. Denken Sie daran, dass einige Gehirnleistung gefordert wird und Sie daher in kurzen Trainingseinheiten arbeiten sollten.

Starten Sie mit sechs Leckerchen in Ihrer Hand und arbeiten Sie, bis diese verbraucht sind. Dann räumen Sie das Placeboard aus dem Weg und gönnen Ihrem Hund eine Pause, während Sie die nächsten sechs Belohnungen vorbereiten. Der Hund hat nun Zeit, das Gelernte zu verdauen. Mit einigen Hunden kann man auch länger arbeiten – sieben, acht, neun oder sogar zehn Leckerchen – es hängt von der Konzentrationsfähigkeit Ihres Hundes ab. Denken Sie daran, bei jedem Start einer neuen Sitzung die Entfernung zum Placeboard einen Schritt größer zu machen, d.h. allmählich die Distanz zu vergrößern.

Schritt für Schritt

Stellen Sie das Placeboard vor sich auf den Boden. An die Stelle, auf die Ihr Hund sich normalerweise stellen würde und ohne Nachzudenken auf das Podest steigt.

> ### *Tipp zur Problemlösung:*
>
> *Wenn Ihr Hund das Placeboard meidet und es beispielsweise nur umrundet, füttern Sie ein paar Leckerchen auf dem Podest, so lange, bis er von allein aufsteigt.*

Click und Belohnung für jede Interaktion mit dem Placeboard.

Wenn der Hund zuverlässig eine oder zwei Pfoten auf das Podest setzt, können Sie die Distanz vergrößern, damit er mit wachsender Unabhängigkeit arbeitet.

- Nun beginnen Sie, jede Interaktion mit Podest zu clicken und zu belohnen (z.B. das Podest anschauen, beschnüffeln, eine Pfote draufsetzen usw.). Nach jedem Click geben Sie die Belohnung auf dem Boden, abseits des Placeboards, damit der Hund erneut starten kann.

- Wenn der Hund zuverlässig für eine Belohnung mit dem Placeboard interagiert und Sie das Gefühl haben, dass er weiß, wofür er belohnt wird, können Sie die Schwierigkeit steigern. Wenn er am Podest schnuppert oder es auch nur anschaut, zögern Sie den Click etwas hinaus, um zu sehen, ob er sich stärker bemüht und damit anfängt, eine Pfote auf das Board zu setzen.

- Setzt er sicher und zuverlässig eine oder zwei Pfoten auf das Podest, bewegen Sie es etwas seitlich. Geben Sie Ihrem Hund Zeit zum Nachdenken. Er soll verstehen, dass er Kontakt zum Placeboard haben muss, um seine Belohnung zu bekommen, egal, wo es sich befindet.

- Achten Sie darauf, Ihre Hände stillzuhalten, während der Hund denkt; eine Bewegung könnte den Fokus auf Ihre Hände lenken und den Denkprozess unterbrechen.

- Hat Ihr Hund Probleme und fängt an frustriert zu werden, stellen Sie das Board wieder vor sich und belohnen einige Wiederholungen. Vergessen Sie nicht: Wir wollen positive Gefühle auf dem Podest und müssen so trainieren, dass keine Frustration aufkommt.

- Sobald der Hund eine oder zwei Pfoten zuverlässig auf das Board setzt, können Sie Ihre Distanz zum Podest allmählich vergrößern. Ich vergrößere sie immer nur um einige Zentimeter. Sie können das Board verschieben, während Ihr Hund frisst.

- Haben Sie die Distanzarbeit gemeistert und der Hund läuft von allein aus vier Schritten Entfernung zum Board, können Sie den zweiten Schwierigkeitsgrad einführen: das Sitz auf dem Podest.

- Hierfür reduzieren Sie die Distanz und stellen das Placeboard wieder vor sich hin. Dann locken Sie den Hund entweder ins Sitz oder Sie geben das Signal „Sitz“, wenn er auf dem Board steht. Oft ist es leichter, den Hund zu locken, weil Sie so sicherstellen können, dass sich der ganze Körper auf dem Board befindet.

Nach etwa zehn Wiederholungen locken Sie den Hund ins Sitz mit Click und Belohnung, warten Sie, ob Ihr Hund von selbst das Sitz anbietet. Wenn er dies tut: Click und Belohnung. Anschließend können Sie die Übung mit Distanzvergößerung fortsetzen.

Weitere Anwendungen für das Placeboard finden Sie in Kapitel 11: Exekutive Funktionen (s. S. 195).

3 Ein Belohnungssystem aufbauen

Für ein effektives Training braucht es die richtige Motivation – irgendetwas, von dem der Hund unbedingt mehr möchte – und diese hängt von der individuellen Situation und den eigenen Vorlieben des Hundes ab. Beispielsweise ist ein unter den Küchenschrank gerolltes Stückchen Trockenfutter für einen hungrigen Hund, der seit Tagen nichts gefressen hat, der Goldschatz. Aber für einen Hund, der gerade sein Lieblingsfutter verspeist hat, ist es nahezu wertlos.

Manchmal hört man Leute sagen, sie hätten schon mit Leckerchen zu trainieren versucht und die positive Verstärkung habe nicht funktioniert. Was tatsächlich passiert ist: Die Belohnung hatte für den Hund keinen Wert. Die Leckerchen motivierten ihn nicht. Deshalb wurde sein Verhalten nicht belohnt und er hatte nicht den Wunsch, das Verhalten zu wiederholen. Aus seiner Sicht waren die Leckerchen keine Belohnung.

Draußen arbeitende, hoch motivierte Hunde werden eine Fülle verstärkender Gelegenheiten finden, die es sich zu entdecken lohnt und die viel wertvoller für sie sind als Ihre Belohnungen. Diese Ablenkungen aus der Umgebung können wirksame Verstärker sein, wenn wir sie zu nutzen wissen.

Ein arbeitender Hund wird durch nichts stärker motiviert, als wenn er die Möglichkeit hat, sein natürliches Verhalten wie Suchen und Jagen auszuführen. Diese Aktivitäten triggern Endorphine im Gehirn, besonders den Wohlfühlfaktor Dopamin. Die meisten Arbeitshunde sind Dopamin-Junkies – man muss *damit* arbeiten und nicht dagegen.

Es gibt zwei Arten von Verstärkung: die primäre Verstärkung und die sekundäre oder konditionierte Verstärkung.

Primäre Verstärkung

Primäre Verstärker beinhalten das, was ein Tier zum Überleben braucht, wie Futter, Wasser und Sex. Ich würde auch das Beuteverhalten, d.h. Aufstöbern, Verfolgen und Fangen, zu den primären Verstärkern zählen, weil es der Futtergewinnung dient.

Im Fall des Trainings versteht man unter primärer Verstärkung das direkte Belohnen, wenn der Hund das gewünschte Verhalten gezeigt hat. Beispielsweise fordern Sie Ihren Hund zum Sitz auf und belohnen ihn mit einem Leckerchen.

Sekundäre Verstärkung

Bei der sekundären oder konditionierten Verstärkung verknüpft man einen primären Verstärker mit irgendetwas, was durch die Verknüpfung zu einer Belohnung wird.

Beispielsweise ist ein Tennisball – wie die meisten Spielzeuge – für den Hund nur ein Objekt. Wenn wir aber das Spielzeug mit einem speziellen Spiel verknüpfen, normalerweise einem Beuteverhalten, wird es durch die Assoziation mit der Aktivität zu einer Belohnung.

Unterschätzen Sie niemals die Macht eines sekundären Verstärkers; wenn Sie jemals einen ballbesessenen Hund gesehen haben, werden Sie wissen, was ich meine! Es ist eine kluge Verstärkung, die Sie im Trainingskontext zu Ihrem Vorteil nutzen können.

Meine Spaniels, die nunmal Dopamin-Junkies sind, lieben die Jagd: Schnüffeln und Suchen und Verfolgen und Fangen. Dies ist alles Beuteverhalten. In einer Trainingsgruppe auf dem Hundeplatz werden sie durch Futterbelohnungen motiviert und fressen sie auch, und ich kann auf diese Weise eine Vielzahl an Basisverhalten trainieren. Wenn wir aber draußen sind, sieht es ganz anders aus. Die Hunde nehmen alle Verlockungen wahr, die ihre Umgebung zu bieten hat: wundervolle Gerüche, verborgenes Wild, Bewegungen und Jagdgelegenheiten, die Liste ist endlos!

Pickles, mein erster Cocker, lehrte mich, Spaniels besser zu verstehen. Wir waren auf dem örtlichen Platz beim Obedience-Training – eine Sequenz aus Fuß, Stop, Zurück ins Fuß, Stop, Zurück ins Fuß und so weiter. Pickles führte die Sequenz wunderbar aus, ich clickte und gab ihr ein Leckerchen. Sie nahm das Leckerchen und spuckte es ins Gras. Dann flitzte sie herum und als sie anhielt, guckte sie, als hätte sie ihre Belohnung verloren. Dann stöberte sie im Gras herum und fraß sie schließlich.

Forschungen an Rhesusaffen zeigten, dass die Dopaminkonzentration anstieg, während die Affen aktiv waren, um eine Belohnung zu bekommen, dass sie aber sank, wenn sie die Belohnung erhalten hatten. Meine Cocker lieben die Arbeit und daher nutze ich die Konditionierung, um mein Belohnungssystem zu erweitern und den Wert der Belohnung zu erhöhen.

Wenn ich draußen arbeite, markiere ich das Verhalten und dann werfe ich die Belohnung in die Luft, damit die Hunde sie schnappen, oder ich werfe sie weit weg zum Jagen oder ich werfe sie ins hohe Gras zum Suchen und Finden. Auf diese Weise verknüpfe ich das Futter mit dem Beuteverhalten, in dem meine Hunde schwelgen, und verstärke so den Wert der Belohnung. Die Bedeutung des Futters, das ich anbiete, ist nicht mehr nur auf das Fressen beschränkt, sondern das Futter wurde mit dem Beuteverhalten verknüpft – Finden, Verfolgen, Fangen – und ist nun sehr verlockend und hoch motivierend.

Sie finden mehr Informationen zum Gestalten wertvoller Belohnungen in Kapitel 11.

Die Komponenten der Verstärkung

Erfolgreiches Training beruht auf effektiver Verstärkung. Es gibt drei Komponenten der Verstärkung, und wenn wir diese analysieren und die Rolle jeder einzelnen Komponente entdecken – die Belohnungen „zerlegen" – werden wir besser verstehen, wie Belohnungen funktionieren und wie wir sie am besten im Training nutzen können.

Die drei Komponenten der Verstärkung

1. **Motivation:** Der Wunsch (Willen), eine Aufgabe in Erwartung einer Belohnung zu erfüllen. Die Ausführung und Qualität des Verhaltens werden sich verbessern.

2. **Lernen:** Durch operante Konditionierung (s. S. 29), die Belohnungen und Wiederholungen der positiven Verstärkung wird sich das Verhalten verbessern.

3. **Lust:** Dies bezieht sich auf Emotionen und Gefühle (lustvoll). Es werden konditionierte emotionale Reaktionen wie Freude, Befriedigung, Erleichterung und Sicherheit hervorgerufen.

Jede dieser drei Komponenten hat ihre eigene spezifische Bedeutung, daher ist es wichtig zu erkennen, welchen Einfluss jede einzelne auf das betreffende Individuum hat.

Motivation Wollen	Lernen Verstärken	Lust Begehren
erhöht die Leistung	verstärkt das Verhalten	ruft positive Gefühle hervor
aktiviert proaktive (erwartende) Kontrollprozesse	aktiviert exploitative (ausbeuterische) Kontrollprozesse	aktiviert explorative (untersuchende) Kontrollprozesse
erhöht Flexibilität und Stabilität	erhöht Stabilität	erhöht Flexibilität
Vorbereitung	zielgerichtet	Wechsel zwischen Aufgaben
Geschwindigkeit, Latenz, Präzision	Fokus, Dauer, Wiederholung	Unterbrechung, Stopp, Wechsel

Motivationskomponente

Der Motivationsaspekt erhöht die Leistung und aktiviert proaktive Kontrollprozesse. Dies vergrößert sowohl die Flexibilität, d.h. die Fähigkeit, von einer zur anderen Aufgabe zu wechseln, als auch die Stabilität, d.h. sich auf eine Aufgabe zu konzentrieren und Ablenkungen herauszufiltern.

Bei der Motivation geht es um das Vorbereiten einer Aufgabe oder eines Verhaltens. Wenn die Motivation stimmt, haben wir:

- Präzision – die Genauigkeit des Verhaltens
- Niedrige Latenz – die Zeit, die der Hund vom Signal bis zum Beginn seiner Ausführung benötigt
- Geschwindigkeit – die Zeit für die vollständige Ausführung des Verhaltens

Es ist das „Wollen“ der Konsequenz oder der Belohnung, die zum Verhalten antreibt. Daher ist es für Ihren Hund ein Schlüssel, durch Ihre Belohnungen hoch motiviert zu werden. Er wird das Verhalten dann mit der Genauigkeit, dem Timing und der Geschwindigkeit zeigen, die Sie für den Erfolg brauchen.

Lernkomponente

Der Lernaspekt verbindet Belohnungen und Wiederholung und erhöht die Wahrscheinlichkeit, dass das Verhalten erneut gezeigt wird. Er aktiviert exploitative Kontrollprozesse, die zielgerichtetes Verhalten hervorrufen. Dies beinhaltet den Wunsch nach einer Wiederholung der Verstärkung.

Der Lernaspekt vergrößert

- die Stabilität des Verhaltens, beispielsweise des Fokus
- die Dauer des Verhaltens oder die Wiederholung desselben Verhaltens

Im Training konzentrieren wir uns im Allgemeinen auf Belohnung und Wiederholung, um ein Verhalten zu verbessern.

Der größte Teil des Selbstkontrolltrainings erfordert die Fähigkeit, zwischen Aufgaben zu wechseln (Flexibilität). Tatsächlich erzeugt die Lernkomponente eher Stabilität als Flexibilität. Daher müssen für ein erfolgreiches Selbstkontrolltraining der emotionale Zustand und die Gefühle – die Lustkomponente – mitbeteiligt sein.

Lustkomponente

Bei der Lustkomponente geht es um Gefühle. Man nennt sie auch hedonische Verstärkung. Sie aktiviert explorative Prozesse und macht Ablenkungen und die Umgebung interessanter; eine andere oder alternative Verstärkung kann versucht werden, um die Flexibilität zu erhöhen.

Flexibilität oder Aufgabenwechsel erfordern die Fähigkeit, das Verhalten zu ändern, beispielsweise Jagen und damit Aufhören, Umschalten von Reagieren auf Nachdenken oder von impulsiv auf kognitiv.

Dieses explorative Verhalten kann Ihr Freund sein – eine große Hilfe beim Aufbau von Vertrauen und der Entwicklung von Selbstkontrolle – aber es kann Sie auch ins Verderben stürzen.

Wenn ein nervöser Hund in eine Umgebung oder Situation gebracht wird, die ihn wahrscheinlich verunsichert, geben ihm eine Rückzugsmöglichkeit und die Verstärkung des Rückzugsverhaltens Sicherheit. Dies fördert das Vertrauen und er wird anfangen, seine Umgebung zu untersuchen. Ich habe dies bei vielen Hunden gesehen und ich glaube, es liegt daran, dass das positive Gefühl der Sicherheit die exploratorischen Kontrollprozesse aktiviert hat.

Gibt man beim Training neuer Verhaltensweisen dem Hund Verstärkungsoptionen, die sicher, einfach und vertraut sind, wird die natürliche Erkundung einsetzen. Dies ist besonders hilfreich, wenn man Interaktionen mit Objekten, Menschen und anderen Hunden shapen will.

Ermutigen wir das explorative Verhalten während der Sozialisation, setzen wir Welpen und nervöse Hunde oft unter Druck, Dinge zu erkunden und zu untersuchen, während sie sich in einer empfundenen Gefahrenzone befinden. Dieser Druck und der im Hund entstehende Konflikt können zu einem negativen emotionalen Status führen, der möglicherweise die explorativen Kontrollprozesse im Gehirn unterbindet.

Wir nehmen an, dass Belohnungsoptionen, die sich für den Hund sicher und ohne Druck anfühlen, eine Steigerung des Rückzugsverhaltens fördern. Tatsächlich kommt es zur Exploration, die auf einer natürlichen Wahl basiert. Dies kann ein sehr effektives Trainingswerkzeug sein. Ich habe es bei vielen Gelegenheiten bei nervösen Hunden eingesetzt und auch, um Übungen zu shapen, wenn die Hunde sich wegen schlechter Erfahrungen weigerten, mit bestimmten Objekten zu interagieren.

Hat ein Hund die Option, sich in seine Komfortzone zurückzuziehen und belohnt zu werden, wird er den Schritt nach vorn wählen und seine Komfortzone verlassen.

Die richtige Verstärkungsmethode wählen

Wie wählen Sie eine Verstärkungsmethode aus, die Ihnen die gewünschten Resultate liefert?

Finden Sie eine Belohnung, die für Ihren Hund wirklich wertvoll ist – und dann nutzen Sie sie.

Motivation bezieht sich auf alle Aspekte des Verhaltens. Sie sorgt für Geschwindigkeit und Präzision beim Verhalten.

Lernen bedeutet die Wiederholung der Verstärkung und steigert die körperliche Aktivität.

Lust umfasst Gefühle und Emotionen. Sie ist oft mit körperlichen Verhaltensweisen während der Lernerfahrung verbunden.

Der entscheidende Punkt ist, alle drei Komponenten zu nutzen, aber sich des Einflusses bewusst zu sein, den sie auf Ihren eigenen, individuellen Hund ausüben.

Die meisten antrainierten Verhaltensweisen erfordern eine Kombination aus Fokus (= Stabilität) und Aufgabenwechsel (= Flexibilität). Möchten Sie, dass Ihr Hund sich fokussiert und Ablenkungen ignoriert oder muss er flexibel sein und sein Verhalten anpassen? Soll er sich auf seinen Führer konzentrieren oder aus voller Geschwindigkeit abbremsen?

Nehmen wir zum Beispiel einen Hund, der im Obedience-Ring eine Runde bei Fuß geht. Dafür muss er für eine vorbestimmte Zeit seine Position beibehalten und beim Führer auf subtile Bewegungen achten. Um die Übung präzise und akkurat auszuführen, muss er völlig auf den Führer und seine Bewegungen konzentriert sein. Äußere Ablenkungen wie Zuschauer am Ring, Gerüche und Geräusche anderer Hunde sowie Richter und Helfer im Ring müssen herausgefiltert werden. Hier greift die Lernkomponente, die den Drill der Wiederholung mit der richtigen Motivation verknüpft.

Auch beim Trainieren neuer Verhaltensweisen brauchen wir Fokus, Konzentation und Wiederholung, um ein klares Verständnis aufzubauen.

Denken Sie nun an einen Jagdhund im Gelände. Er muss warten, aber immer aufmerksam in Erwartung des Signals zum Jagen sein. Er muss in Distanz zu seinem Führen arbeiten, die Umgebung untersuchen, sich auf die Fährte konzentrieren und die Beute finden. Sobald die Beute gefunden und aufgescheucht ist, muss der Hund stehenbleiben und auf weitere Anweisungen warten. Vielleicht wird er aufgefordert weiterzujagen oder eine erschossene Beute zu bringen. Wenn es zahlreiche Beutetiere gibt, wird er vielleicht auch aufgefordert zu warten und die Beute kontrolliert aufzuscheuchen, damit die Jäger ihre Gewehre neu laden können.

All dies erfordert eine hohe Flexibilität beim Wechseln zwischen den Aufgaben. Zusätzlich müssen die explorativen Kontrollprozesse aktiviert werden, weil das Untersuchen der Umgebung ein Teil der Aufgabe ist und der Hund seine Verstärkung von Ihnen und der Umgebung bekommt. Er muss kontinuierlich zwischen dem natürlichen Jagdverhalten – Suchen und Verfolgen – und den antrainierten Verhaltensweisen – Impulse kontrollieren und Versuchung widerstehen – wechseln.

Forschungsergebnisse zeigten, dass die Lustkomponente die exploratorischen Kontrollprozesse im Gehirn anschaltet, was sich gut für diese Art von Aufgaben eignet.

Beim Erlernen von Selbstkontrolle müssen Hunde flexibel sein und es muss sichergestellt sein, dass die emotionale Lernerfahrung immer positiv ist. Beim Festigen des Verhaltens soll sich der Hund angesichts der gestellten Aufgaben gut fühlen und erfolgreich seine Impulse kontrollieren können. Hierfür müssen im Training realistische Ziele gesetzt werden und es muss eine hohe Belohnungsrate garantiert sein.

Entscheidend ist es, negative Emotionen zu vermeiden – Frustration, Ärger, Furcht und Angst. Wenn diese Emotionen mit dem Training verknüpft werden, wird der Hund die zugeteilten Aufgaben wahrscheinlich nicht erfüllen, besonders, wenn es positive emotionale Optionen in der Umgebung gibt, was normalerweise der Fall ist.

Wenn ich einem Hund eine neue Aufgabe beibringen oder eine bestimmte Verhaltensantwort erhalten möchte, verlange ich auch Motivation von ihm – also muss die Belohnung stimmen. Ich brauche eine effektive und starke Belohnung, um eine gute Leistung zu erzielen (Motivationskomponente). Das Verhalten muss klar verstanden und auf Signal abrufbar sein (Lernkomponente). Das Signal kann ein verbaler oder visueller Hinweis von mir oder aus der Umgebung sein. Am wichtigsten ist es, dass der Hund sich beim Ausführen des Verhaltens gut fühlt (Lustkomponente).

Ein positiv trainierter Hund hat immer die Wahl, ob er auf ein Signal zur Impulskontrolle reagiert. Die Impulsiven Verhaltensweisen fühlen sich meistens gut an. Sie werden oft durch eine intrinsische chemische Reaktion getriggert, daher muss das von uns verlangte alternative Verhalten eine vergleichbar positive Reaktion produzieren.

Weit verbreitet ist die Annahme, dass ein Weglassen der Verstärkung (negative Bestrafung) oder der erwarteten Belohnung (Extinktion) freundlich, moralisch vertretbar und positiv sei. Aber Achtung: Diese psychologische Bestrafung kann sich verheerend auf die Beziehung zu Ihrem Hund und auf sein Verhalten auswirken. Aus Sicht des Hundes ist das Ausmaß oder die Intensität dieser Bestrafung sehr, sehr wichtig.

Oft heißt es, dass man mit positiver Verstärkung nicht viel Schaden anrichten könne. Dem widerspreche ich aus vollem Herzen! Sie verursachen vielleicht nicht so viel Furcht und Angst wie mit Korrekturen, aber Sie erzeugen Frustration und Ärger, wenn Sie die Ziele schlecht setzen, und auch das kann sehr schädlich sein. Sie müssen sicherstellen, dass die Ziele immer erreichbar sind und die Bestrafungen, welcher Art auch immer, minimal.

Was ist lohnenswert für Ihren Hund?

Wie schon erwähnt, sind Belohnungen der Schlüssel für ein erfolgreiches Hundetraining. Die Belohnung oder „Konsequenz" treibt Ihren Hund an, ein Verhalten zu zeigen. Es sind aber die individuellen Gefühle, Wünsche und Empfindungen Ihres Hundes, die darüber entscheiden, was für ihn eine Belohnung ist und was nicht. Der eine Hund findet vielleicht, es sei der größte Spaß, mit Wasser angesprüht zu werden, während es für den anderen der reinste Horror ist.

Belohnungen sind Dinge, die der Hund mag und – noch wichtiger –, die er so sehr möchte, dass er einige Energie aufbringt, um sie zu bekommen. Bei gutem positiven Training geht es darum, die richtigen motivierenden Konsequenzen anzuwenden.

Im Allgemeinen verwenden wir im Training als Belohnungen Futter, Spielzeug und Lob. Wir können auch Aktionsbelohnungen nutzen, wie die Erlaubnis zu rennen, jagen, schnüffeln oder spielen.

Wenn Sie diktatorisch auf einer bestimmten Art der Belohnung bestehen – beispielsweise nur Futter oder niemals Futter und nur Lob – wird Ihr Hund vielleicht nicht ausreichend motiviert und das Training wird zu einer langsamen, quälenden Plackerei. Aber mit der richtigen Motivation macht Training Spaß, ist leicht und effektiv. Es hängt alles von der Motivation ab – und es ist der Hund, der entscheidet, was ihn motiviert und was nicht.

Kreative Futterbelohnungen

Die Beurteilung des Wertes Ihrer Belohnungen durch den Hund beeinflusst seine Motivation und folglich die Qualität seiner Konzentration und der Reaktionen, die Sie von ihm bekommen.

Trockenfutter eignet sich großartig für Zuhause, aber in einer Umgebung mit mehr Ablenkung benötigen Sie wahrscheinlich etwas besonders Leckeres und Aufregendes. Ich empfehle fleischbasierte und getrocknete Trainingsleckerchen, wenn sie naturbelassen sind und keine Farb- oder Zusatzstoffe enthalten.

Als hochwertige Belohnungen verwende ich auch zerkleinerte Cocktailwürstchen, geräucherte Wurst, Rindfleisch und Käse. Diese Leckereien sind sehr schmackhaft und man kann sie in Würfel schneiden, die ihre Form auch beim Werfen behalten und dabei noch einen visuellen Reiz darstellen. Ich werfe sie flach, damit sie sich wie kleine Mäuse bewegen, die verfolgt und gefangen werden können. Meine Belohnungen sollen auch so gut riechen, dass der Hund sie erschnüffeln möchte, was ein eigenes bereicherndes Spiel ist. Wenn Sie Rohfutter füttern, können Sie einen Dörrautomaten oder fertig gedörrtes Fleisch oder Fisch kaufen, um Rohfutter als Belohnung zu verwenden.

Es hilft, an seinen Hund und seine Vorlieben zu denken. Mein Leonberger war überglücklich, wenn ich ihm seine Belohnungen direkt ins Maul gab. Dagegen wünschen sich meine Spaniels, deren Leidenschaft das Verfolgen und Jagen ist, etwas anderes.

Cocker sind keine Retriever – wenn sie zehn Monate alt sind, werden sie oft von den Freuden des Schnüffelns und Suchens überwältigt. Sie suchen unermüdlich nach dem Objekt, finden es und suchen nach mehr. Für sie fühlt sich das Suchen besser an als das Besitzen der Belohnung. Es ist ein bisschen so, als sei das Warten auf Urlaub besser als die eigentlichen Ferien. Die Vorfreude erhöht die Produktion von Dopamin.

Um der Besessenheit entgegenzuwirken, variiere ich im Training die Art der Belohnungsgabe. Schon ab einem Alter von vier Monaten entdecken meine Hunde die Freuden, eine Belohnung zu verfolgen und zu fangen ebenso wie sie zu suchen und zu finden.

Futterbelohnungen sind viel aufregender, wenn man sie jagen und finden muss!

Kreative Belohnung mit Spielzeug

Einige Hunde werden durch Spielzeug hoch motiviert, was sie zu einer natürlichen Quelle für Belohnung und Verstärkung macht. Es gibt aber Pros und Kontras für Spielzeug als Belohnung und Sie müssen lernen, es effektiv zu verwenden.

Wenn ein Hund mit einem Spielzeug interagiert, nutzt er das Beuteverhalten: anpirschen, verfolgen, fangen und „töten" (ich nenne es gerne Teddy-Ausweiden), und dann den Fang bewachen.

Es ist das Spiel – die Gelegenheit, das Beuteverhalten zu zeigen –, das das Spielzeug zu einer Belohnung macht, und nicht das Spielzeug selbst. Wir müssen daher eine Assoziation zwischen dem Spielzeug und der Spielaktivität aufbauen. Dies macht das Spielzeug wertvoll und weckt den Wunsch, mit ihm zu interagieren. Hunde, die gerne jagen, lieben Bälle und Hunde, die gerne zerren, lieben Zerrspielzeuge wegen der Assoziationen, die wir herstellen.

Es gibt einige Hunde, oft Tierheimhunde, die nicht spielen wollen und wenig oder kein Interesse an Spielzeug haben. Sie haben nie gelernt, mit Spielzeug zu spielen und es sind bedeutungslose Objekte für sie. Aber es ist nie zu spät; man kann auch diesen Hunden das Spielen beibringen.

Sie müssen bei Spielzeug kreativ werden und auch lernen, mit Ihrem Hund zu spielen – dies gilt für alle Hunde und nicht nur für diejenigen, die wenig Interesse an Spielzeug haben.

Das Spielen mit Hunden ist für uns Menschen nicht selbstverständlich. Wir übertreiben beim Versuch, das Spiel zu kontrollieren, und sind verzweifelt, wenn wir es besitzen. Dies führt oft zu viel Greifen und Wegnehmen, was den Hund frustrieren kann und seinen Wachinstinkt fördert. Auch gestalten wir Spielpausen oft zu kurz, weil wir motiviert sind, mit dem Training weiterzumachen, um Erfolg zu haben. Wir scheitern beim Versuch, effektiv zu belohnen, weil unser Fokus auf dem Verhalten und nicht auf der Bestärkung liegt.

Im Gegensatz hierzu ist der Fokus des Hundes ganz auf die Bestärkung gerichtet – auf die Gelegenheit, mit seinem Spielzeug zu spielen – und die Belohnung muss auf eine Weise verabreicht werden, die er verstärkend findet. Wenn Sie versuchen, Ihrem Hund ein Spielzeug ins Maul zu stopfen, macht er keine lohnenswerte Erfahrung, sondern kann sogar aversiv reagieren. Denken Sie daran,

Erhöhen Sie das Verlangen des Hundes nach dem Spielzeug, indem Sie es verstecken und aus dem Nichts wieder auftauchen lassen!

dass das Spiel für den Hund stimulierend und belohnend ist, weil er mit einer Beute spielen will. Wenn Sie ein Spielzeug einführen, muss es sich also wie eine Beute verhalten. Es muss langsam sein, sich dann aber schnell bewegen; es verschwindet und erscheint dann wieder, bereit, um gejagt zu werden. Der Hund weiß nie, was ihn erwartet, wenn er versucht, seine „Beute" zu fangen.

Wir müssen auch unsere eigene Körpersprache beachten, wenn wir mit unseren Hunden spielen. Wenn ein Hund sich durch ein Spiel, das in seinen Bereich eindringt, bedrängt fühlt oder auf andere Weise eingeschüchtert wird, werden sein Antrieb und seine Motivation abnehmen, weil seine Erfahrung nicht mehr verstärkt wird. Im Gegenteil wird es seine Lernfähigkeit einschränken, weil die Belohnung, für die er arbeitet, keinen Wert hat und sein Wunsch und seine Motivation zu spielen reduziert werden. Um dies zu verhindern, arbeiten Sie an Ihren interaktiven Spielfähigkeiten und schließen ein paar Spaßjagden ein, die das Spielzeugjagen und -fangen ebenso einschließen wie das Zerren.

Beachten Sie, dass Spiele wie Jagen, Fangen und Zerren Energie kosten, was Fluch und Segen zugleich ist. Positiv ist, dass sie die Fitness vergrößern – negativ, dass sie untrainierte Hunde ermüden, was wiederum die Dauer der Trainingssitzungen verkürzt.

Spielzeug erhöht die Erregung – auch dies hat zwei Seiten. Ich finde es positiv beim Trainieren von Selbstkontrolle, weil es mir die Möglichkeit gibt, mit einem erregten Hund zu arbeiten. Wenn Sie aber zulassen, dass Ihr Hund übererregt wird, kann er sich nicht mehr konzentrieren und lernen. Der Trick ist, die Balance zu finden.

Das Platzieren der Belohnung

Das Verhalten und die Positionierung des Hundes werden durch das Platzieren der Belohnung beeinflusst, sprich wo er sie bekommt. Sein Ziel ist es, die Belohnung so schnell wie möglich zu ergattern. Dies können Sie ausnutzen, um den Erfolg Ihres Trainings auszubauen.

Mit der Platzierung der Belohnung können Sie

1. Verhaltensweisen beeinflussen

2. Ort und Positionierung beeinflussen

3. An eine Startposition zurückkehren

1. Verhaltensweisen beeinflussen

Das ist leicht. Wenn Sie beispielsweise einen Hund haben, der aufspringt, legen Sie Futter auf den Boden und ändern hierdurch sein Verhalten.

2. Ort und Positionierung beeinflussen

Wenn Sie mit einem Hund am Bei-Fuß-gehen arbeiten, belohnen Sie ihn von der Seite, auf der er arbeitet. Sie verhindern dadurch, dass er vor Ihren Körper läuft, um an die Gegenhand zu gelangen.

Wenn Sie mit einem Spielzeug belohnen – wie im Agilitytraining – kann die Position der Belohnung die Aufgabe aufwerten oder die Richtung beeinflussen, in die Ihr Hund laufen soll. Möchten Sie beispielsweise, dass Ihr Hund an der Seite einer Hürde wendet, positionieren Sie die Belohnung nahe am Seitenteil. Dies veranlasst den Hund, die Wendung eng zu nehmen und wertet so die Hürde auf. Legen Sie das Spielzeug am Ende einer Reihe von Sprüngen aus, fördern Sie den Vorwärtsdrang – eine unabdingbare Fähigkeit für den Agilityhund.

3. An eine Startposition zurückkehren

Wenn Sie auf einem Stuhl sitzen und Ihren Hund um einen Kegel herum shapen, können Sie ihn auf dem Boden an Ihrer linken Seite belohnen, damit er nach jeder erfolgreichen Wiederholung zum Startpunkt zurückkehrt. Er kann nun sofort die nächste Runde um den Kegel starten und Sie haben seinen Erfolg vorbereitet.

Soziale Kommunikation

Soziale Aufmerksamkeit und Zuneigung durch Menschen ist für Hunde eine Belohnung. Einige Rassen sind hoch sozial und sehnen sich nach diesen Interaktionen. Dies bedeutet, dass wir verbales Lob und Zugewandtheit als Belohnung einsetzen können. Wenn Ihr Hund gern gestreichelt wird, setzen Sie physisches Lob ein, aber machen Sie sich bewusst, wann und wo Ihr Hund Berührung genießt.

Wir Menschen fassen unsere Hunde und Welpen gerne an – sie sind niedlich, flauschig und pelzig und wir wollen sie berühren. Einige Hunde lieben es von Natur aus zu kuscheln und andere nicht. Dies wird auch dadurch beeinflusst, wieviel menschlichen Kontakt der Welpe im Wurf hatte. Ein Welpe, der viele positive und liebevolle Sozialkontakte mit Menschen hatte, wird sie wahrscheinlich sehr lieben, während ein Welpe mit eingeschränkten sozialen Kontakten sich durch zuviel Streicheln bedrängt fühlt.

Wir müssen zu lesen lernen, was uns unsere Hunde durch ihre Körpersprache und ihr Verhalten mitzuteilen versuchen, besonders, wenn wir physisches Lob in unser Belohnungsrepertoire einbeziehen möchten.

Wir müssen verstehen, was für den Hund wirklich eine Belohnung darstellt: Mag der Hund diese Dinge wirklich? Wir können dies mit der Beobachtung der Körpersprache feststellen:

- Laden Sie den Hund ein, zu Ihnen zu kommen. Ihre Körpersprache ist sehr wichtig: sich über den Hund zu stellen und seinen Kopf zu berühren wirkt einschüchternd und ist den meisten Hunden unangenehm. Sich bei kleinen Hunden und Welpen auf gleicher Höhen hinzuknien und den Rücken gerade zu lassen, wirkt einladender und weniger bedrohend.

- Legen Sie Ihre Hände über den Kopf des Hundes und beobachten seine Reaktion.

- Legen Sie Ihre Hände unter sein Kinn in Richtung auf den Nacken und beobachten seine Reaktion.

Laden Sie den Hund immer zu körperlicher Zuwendung ein. Wir zwingen dem Hund keine Leckerchen ins Maul – er entscheidet, sie zu essen. In gleicher Weise sollte er entscheiden, ob er körperliche Zuwendung möchte. Wenn er sich unwohl fühlt, wird er ablehnend reagieren und fortgehen. Ein Welpe wird sich vielleicht winden und versuchen, Ihre Hand ins Maul zu nehmen. Wenn Sie Lippenlecken, Gähnen oder das Weiße im Auge sehen, drückt der Hund damit aus, dass er sich unwohl fühlt, und Sie sollten aufhören! Einige Hunde wehren auch Ihre Hand ab; auch dies zeigt, dass sie die Zuwendung nicht genießen. Ein Schütteln dient oft dem Abbau von Spannung.

Taktile Kontakte

Fühlt sich der Hund wohl, wird er bleiben und versuchen, näher heranzukommen; vielleicht springt er sogar auf. Hunde bevorzugen im Allgemeinen Kontakt im Bereich der Brust, hinter den Ohren, am Nacken und an den Schultern.

Meine Cockerhündin Mia ist sehr verschmust, deshalb setze ich im Training Futter nur begrenzt ein. Wenn ich ihren Kopf tätschele, wendet sie sich nicht ab, sondern springt auf meinen Arm und benutzt ihre Pfote, um meine Hand auf ihre Brust zu lenken – ihr bevorzugter Bereich für Körperkontakt. Meine anderen Cocker, Stig und Drift, lieben Streicheleinheiten, wogegen Pickles bei der Arbeit überhaupt keinen Körperkontakt mag, obwohl sie zu Hause sehr verschmust ist.

Bei einem Hund, der taktilen Kontakt liebt, kann bei Übererregtheit ein Kratzen der Brust sehr hilfreich sein, um ein beruhigendes Feedback zu geben. Bei solchen Hunden kann auch eine Massage helfen. Die Massagetechnik von Linda Tellington-Jones, bekannt als Tellington TTouch, reduziert Spannungen und trägt zur Verhaltensänderung der Hunde bei.

Über dem Hund zu stehen kann einschüchternd sein.

Den Hund zum Näherkommen einzuladen fühlt sich viel besser an.

Warum es nicht mal mit einem sanften Kratzen der Brust versuchen?

Wenn Sie Ihren Hund ermutigen wollen, verbales oder physisches Lob wertzuschätzen, könnten Sie es mit etwas versuchen, das er bekanntermaßen liebt, wie etwa Futter oder Spielzeug. Belohnen Sie Ihren Hund zum Beispiel normalerweise mit Futter, dann loben und streicheln Sie ihn gleichzeitig mit der Futtergabe. Ich beginne oft mit dem Streicheln an der Brust.

Bevorzugt Ihr Hund zu spielen, loben und streicheln Sie ihn, während er zerrt und wenn er ein geworfenes Spielzeug zurückbringt. Loben Sie ihn überschwänglich und konzentrieren Sie den taktilen Kontakt auf die Schultern und die Brust Ihres Hundes.

Idealerweise koppeln Sie die Belohnungen beim Training von Anfang an. Viele Leute starten mit Leckerchen und vergessen das verbale und körperliche Lob. Dann versuchen Sie, die Futterbelohnung abzubauen und stattdessen zu loben. Auf diese Weise verknüpft der Hund Futter und Lob nicht positiv, sondern in diesem Szenario wird das Lob gekoppelt mit dem Fehlen von Futter und der Hund empfindet dies als Strafe. Ein solcher Hund sieht enttäuscht aus, wenn sein Besitzer ihn lobt!

Hunde, die mit Korrekturen und negativen Konsequenzen trainiert werden, empfinden Lob als Belohnung, weil es ihnen als Entkommen vor der Strafe erscheint. Dies ist ein Beispiel für negative Verstärkung (s. S. 29).

Stellen Sie sich einen Hund vor, der an der Leine gerissen wird, weil er zieht, und anschließend für das korrekte Gehen gelobt wird. Das verbale Lob kommt, aber nicht die Strafe; dies bedeutet, dass der Hund weitere Bestrafungen vermieden hat. Es entsteht der falsche Eindruck, „der Hund arbeitet nur für Lob". Als positiver Trainer kopple ich Lob mit anderen Belohnungen, um es effektiver zu machen.

Setzen Sie soziale Kommunikation als Belohnung ein, müssen Sie bei aufgeregten Hunden die Macht des ruhigen, besänftigenden Lobes verstehen. Ich habe diese Lektion gelernt, als ich mit dem Jagdhundtraining anfing. Der wertvollste Rat, den ich jemals erhalten habe, war: „Jane, dreh' den Hund nicht auf, er ist schon aufgedreht!" Meine übertriebenen Jubelrufe am Ende jeder Übung (ein Überbleibsel aus meinen Obedience-Trainingstagen) waren nicht hilfreich. Bei einem übererregten Hund, der seine Impulse zu kontrollieren versuchte, wirkte eine aufgedrehte Jane wie das Anzünden der Zündschnur.

Dagegen gibt ein ruhiges, besänftigendes Lob dem Hund die Information, dass er etwas Richtiges tut, ohne ihn aufzustacheln. Es mag nicht sehr motivierend sein, aber es ist für den Hund im Lernprozess eine wichtige und relevante Information.

Die Balance finden

Für mich ist ein gutes Repertoire an Belohnungen eine Mischung aus Spielzeugen, Futter und sozialer Kommunikation. Ich betrachte handgefütterte Leckerchen und verbales Lob als Information und aktive, anregende Belohnungen wie geworfenes Futter und Spielzeug als Motivation. Sie brauchen für Ihr Training beide Komponenten – Information und Motivation – und Sie brauchen auch die perfekte Balance, um Erfolg zu haben.

Es gibt Zeiten für eine ruhige und besänftigende Belohnung...

...und welche für eine aufregende und stimulierende Belohnung.

4 Die optimale Methode

Der Trainingsprozess ist genauso wichtig wie das Ergebnis. Wenn wir Verhaltensweisen trainieren, verknüpfen wir sie auch mit emotionalen Erfahrungen. Das emotionale Befinden des Hundes während des Lernprozesses entscheidet über zuverlässiges oder unzuverlässiges Verhalten.

Es gibt drei Faktoren, die Sie beim Aufstellen eines Trainingsplans beachten müssen:

- Ihre Trainingsziele
- Problemlösungen
- Die Bedürfnisse Ihres Hundes

Die große Mehrheit der Besitzer und Trainer konzentriert sich auf die ersten beiden Elemente – die Arbeit an Trainingszielen und Problemlösungen –, weil sie für den Erfolg am wichtigsten zu sein scheinen. Wenn Sie sich aber auf das dritte Element – die Bedürfnisse Ihres Hundes – fokussieren, werden Sie all Ihre Ziele erreichen und mehr.

Mein System des emotionszentrierten Trainings bedeutet, den emotionalen Zustand zu berücksichtigen und sich auf die emotionalen Erfahrungen des Trainings zu konzentrieren. Aus dieser Perspektive betrachtet, sind die Bedürfnisse des Hundes von überragender Bedeutung.

Aus diesem Grund beginne ich das Training, indem ich mir anschaue, was der Hund emotional braucht, um ein guter Schüler zu werden – erst dann widme ich mich den Trainingszielen und den Problemlösungen.

Die Bedürfnisse Ihres Hundes

Um die Bedürfnisse Ihres Hundes zu verstehen, müssen Sie zuerst und vor allem daran denken, dass Ihr Hund ein Individuum ist. Seine allgemeinen Charakterzüge und mehr noch sein instinktives, angeborenes Verhalten mögen einer Rasse oder einem Zuchttyp entsprechen. Er ist jedoch ein eigenes, einzigartiges Lebewesen mit seinen eigenen Vorlieben und Abneigungen und seinen eigenen Ängsten und Sorgen. Wenn Sie Ihren Hund genau beobachten und verstehen „wie er tickt", werden Sie auch verstehen können, was er will und fähig sein, auf seine Bedürfnisse einzugehen.

Genau wie wir brauchen Hunde beim Lernen Unterstützung. Dafür müssen wir den ganzen Hund betrachten, um eine Balance zu erreichen, die das Lernen fördert.

Ihre Priorität muss es sein, die individuellen Bedürfnisse und Ansprüche Ihres Hundes zu verstehen.

Homöostase

Homöstase bedeutet, dass der Körper des Hundes im Gleichgewicht ist. Er sollte weder durstig noch hungrig sein noch verzweifelt auf die Toilette müssen. Er sollte wach, aufmerksam und bereit sein. Hier sind ausgewogene Ruhe- und Übungsphasen der Schlüssel. Welpen brauchen bis zu 18 Stunden Schlaf pro 24 Stunden.

Viele Gebrauchshunde wurden genetisch selektiert, damit sie sich auf ihre Umgebung fokussieren und werden daher leicht durch externe Reize stimuliert. Herdenschutzhunde sind sehr visuell und Jagdhunde sehr olfaktorisch orientiert; und es gibt auch einige geräuschsensible Rassen. Diese externen Stimuli können Sequenzen des Beuteverhaltens triggern.

Arbeitshunde werden häufig im Zwinger gehalten. Auch wenn vielen das grausam erscheint, kann ein dunkler, ruhiger Zwinger mit wenig Stimulation doch dafür sorgen, dass die Hunde abschalten und schlafen können. Am nächsten Tag sind sie wach und aufmerksam und bereit für die Arbeit.

In Wohnungen gehaltene Arbeitshunde sind oftmals für längere Zeitperioden externen Stimuli ausgesetzt, besonders in lebhaften Haushalten mit Kindern. Diese Hunde können übermüdet sein, mürrisch und frustriert – und sogar bissig werden – weil sie darum kämpfen müssen, abzuschalten und nicht genug Ruhe bekommen. Das bedeutet nicht, dass sie nicht glücklich in einem Haushalt leben können, es heißt nur, dass ihrem Bedürfnis nach Ruhe entsprochen werden muss, wenn sie diese brauchen. Meine Zwinger ähneln heute mehr Lagerregalen, weil all meine Cocker im Haus leben – aber ich stelle bewusst sicher, dass sie viel Ruhe und Stille haben.

Es gibt einen Mittelweg zwischen der Lust auf ein Leckerchen und nagendem Hunger. Wenn ein Hund durch Futter nicht motiviert wird, bringt es nichts, ihn hungern zu lassen. Das ist für mich auch keine ethisch vertretbare Lösung. Ich suche dann nach einem alternativen Motivator oder arbeite daran, den Wert des Futters durch Beutespiele wie das Jagen, Fangen und Finden von Leckerchen zu erhöhen. Ein ausgehungerter Hund wird kämpfen, um zu lernen, und dies führt auf beiden Seiten zu Frustration.

Sicherheit

Hunde brauchen Sicherheit und Geborgenheit. Dies bedeutet, dass auch die Umgebung zum Lernen sicher sein muss. Wenn wir Verhalten festigen wollen, müssen wir den Hunden Resilienz gegenüber verschiedenen Lebenssituationen beibringen, die nicht immer leicht oder komfortabel sind, aber jeder Lernbeginn sollte in einer Umgebung stattfinden, in der sich der Hund sicher fühlt. Daher arbeiten viele Trainer mit Hunden, die sich vor anderen Hunden fürchten oder Angst oder soziale Probleme haben, anfänglich nicht in Gruppensituationen. Sie traininieren das Basisverhalten und -verständnis zuerst allein zu Hause oder an einem vom Hund als sicher empfundenen Ort. Auf diese Weise werden solide Grundlagen aufgebaut, die man dann auf schwierigere Situationen übertragen kann. Die Trainingsumgebung für neues Verhalten soll das Lernen für beide, Hunde und Menschen, fördern. Mehr Informationen hierzu finden Sie im Kapitel „Erstes Lernen“, S. 79.

Die besten Beziehungen basieren auf gegenseitigem Vertrauen.

Ihre Beziehung

Hier geht es um die Beziehung, die Sie zu Ihrem Hund haben und die Beziehung, die er zu Ihnen hat. Welche Art Besitzer sind Sie? Die ideale Beziehung zwischen Hund und Besitzer basiert auf Vertrauen und einem Gefühl der Sicherheit mit klar etablierten Kommunikationswegen. Clickertraining fördert die Bindung, weil es dem Hund ein klares und prägnantes Feedback gibt. Es gibt jedoch andere Arten der Beziehung, die wir uns anschauen müssen. Dies ist ein komplexes Thema, und die emotionalen Reaktionen des Hundes werden ausführlicher in Kapitel 7 „Aufbau der Bindung“ (s. S. 115) erklärt. An dieser Stelle konzentrieren wir uns auf Ihre Rolle.

Hunde sind soziale Wesen und ihre sozialen Bedürfnisse sollten gestillt werden. Dies schließt Interaktionen sowohl mit Menschen als auch mit ihrer eigenen Spezies ein. In Abhängkeit von den genetischen Voraussetzungen fällt das Bedürfnis nach sozialer Interaktion unterschiedlich aus und es existiert auch eine Trennung zwischen hoch sozialisierbaren Hunden, die mit Menschen zusammen sein wollen, und anderen, die die Gesellschaft von Hunden bevorzugen.

Das Spielen mit Ihrem Hund und die alltäglichen Interaktionen erfüllen soziale Bedürfnisse. Nehmen Sie sich eine Trainingspause, um nur mit Ihrem Hund zusammenzusein. Ich reserviere mir Zeit, die ich mit jedem meiner Hunde allein verbringe. Das hat nichts mit Training zu tun; im Gegenteil achte ich darauf, keine Trainingsutensilien bei mir zu haben. Es geht um den „guten alten“ Beziehungsaufbau zwischen Hund und Mensch, der die Grundlage dafür darstellt, dass der Hund domestiziert und unser populärstes Haustier wurde. Wir müssen den Fokus auf eine Beziehung richten, die auf den natürlichen Ähnlichkeiten zwischen uns beruht, obwohl wir unterschiedlichen Spezies angehören. So interagieren wir, engagieren uns, spielen und untersuchen zusammen unsere Umgebung und verlassen uns nur auf das verbale Lob und den taktilen Kontakt als Verstärkung.

Emotionaler Zustand

Effektives Lernen und Erfolg im Training werden auch durch unseren eigenen emotionalen Zustand direkt beeinflusst. Wir müssen unseren Fokus auf das Jetzt richten, wenn wir unsere Hunde trainieren und während der Trainingsstunden völlig präsent sein. So stellen wir sicher, dass wir nicht nur die Bedürfnisse unserer Hunde, sondern auch unsere eigenen stillen.

Emotionale Verstrickungen – wenn die vorherrschende Emotion alle übrigen beeinflusst – können innerhalb einer Gruppe von Menschen und zwischen verschiedenen Spezies vorkommen. Forschungsergebnisse haben bewiesen, dass Schüler mehr Stress empfinden, wenn ihre Lehrer gestresst sind. Eine Stress-Synchronisation oder eine Spiegelung des emotionalen Zustandes ereignet sich auch zwischen Hunden und ihren Besitzern. Der gestresste Besitzer löst einen Anstieg des Cortisolspiegels aus und dies beeinflusst die kognitive Leistung des Hundes. Bevor Sie also den Hund als unkooperativ bezeichnen und ihn für Ihre Missempfindungen verantwortlich machen, sollten Sie sich also an die eigene Nase fassen und sich fragen, wie *Sie* sich verhalten. Sind Ihre Muskeln verspannt? Rast Ihr Puls? Sind Sie gestresst, verärgert oder erregt?

Manchmal sind wir so darauf konzentriert, die Trainingsaufgaben zu erfüllen, dass wir unsere eigenen Ängste und Stress nicht wahrnehmen. Daher wird Ihnen ein gewisses Maß an Selbstwahrnehmung beim Hundetraining deutlich helfen.

Mehr Informationen hierzu erhalten Sie im Kapitel „Interne Ablenkungen" (s. S. 154).

Stresszeichen

Sie wissen vielleicht genau, wie Sie sich verhalten, wenn Sie sich gestresst fühlen, kennen Sie aber auch die Stresszeichen bei Ihrem Hund? Noch einmal, jeder Hund hat sein eigenes Verhaltensmuster, aber es gibt signifikante Zeichen, auf die Sie achten sollten.

Man unterscheidet zwei Arten von Stress – Eustress und Distress (positiven und negativen Stress).

Eustress bezieht sich auf den normalen, alltäglichen Stress und ist eine natürliche Reaktion, wenn der Körper gefordert wird. Es ist Stress, der im täglichen Leben vorkommt und kontrollierbar ist und den alle Spezies empfinden. Wenn Sie Ihrem Welpen oder Hund soziale Kompetenz beibringen möchten, müssen Sie ihn nicht unter Druck setzen, um Resilienz zu erzeugen. Sie sollten aber stressenden Situationen nicht aus dem Weg gehen, weil leichte Belastungen und die Erholung hiervon dabei helfen, Stresstoleranz und den Umgang mit Stress zu entwickeln.

Distress bezeichnet intensive oder langanhaltende Stresssituationen, die sich auf die Gesundheit und das mentale Wohlbefinden negativ auswirken. Für einen Hund ist Distress über einen längeren Zeitraum sehr schädlich. Er wird versuchen, sich anzupassen oder die Situation zu verändern, um den Stress zu reduzieren, aber wenn das nicht funktioniert, werden seine inneren Ressourcen angegriffen und Erschöpfung setzt ein. Dies gefährdet nicht nur seine Gesundheit, sondern auch seine Lernfähigkeit.

Die Genetik beeinflusst die individuellen Reaktionen auf bestimmte Situationen und kann das sympathische Nervensystem – den Kampf/Flucht-Anteil – aktivieren. Sympathisch dominierte Hunde sind oft hoch sensibel und reaktiv gegenüber visuellen, olfaktorischen und akustischen Reizen in ihrer Umgebung. Diese Hunde sind die meiste Zeit in Alarmbereitschaft und schlafen oft schlecht.

Viele Besitzer denken, der hohe Erregungslevel spiegele ein Übermaß an Energie wieder. Sie trainieren vermehrt mit diesem Hundetyp, damit er so müde wird, dass er sich ausruhen und schlafen kann. Jedoch bedeutet mehr Training auch mehr Umgebungsreize. Im Endeffekt erreicht der Hund ein ungesundes Maß an Erschöpfung und bricht zusammen.

In frühen Stadien wirken Entspannungstechniken wie Massage oder TTouch nicht bei sympathisch dominierten Hunden, und sie entziehen sich rasch. Ich glaube, dies liegt daran, dass das Gefühl der Entspannung für sie nicht normal ist, sondern sie sogar verunsichert.

Als ich 17 Jahre alt war, wurde bei mir eine Überfunktion der Schilddrüse festgestellt. Ich glaubte, es sei normal, eine Menge essen zu konnen ohne zuzunehmen, bei Stress schwindlig und schwach zu werden und beim schnellen Treppensteigen Herzrasen zu bekommen. Nach der Einnahme von Medikamenten zur Drosselung meiner Schilddrüse war ich völlig erledigt. Es fühlte sich an, als habe ich keine Energie, und es dauerte einige Zeit, mich an den Zustand zu gewöhnen, den andere Menschen als „normal" empfinden.

Ich glaube, dass sympathisch dominierte Hunde ähnliche Erfahrungen machen. Sie brauchen Zeit, um Entspannung zu lernen und sich daran zu gewöhnen. Daher müssen Sie alles entschleunigen und die Exposition mit externen Reizen reduzieren. Später sollten Sie langsam steigern und die Belastbarkeit allmählich aufbauen.

Stress: Worauf Sie achten müssen

Die Anzeichen für Stress können in körperliche Stresszeichen und Verhaltensänderungen aufgeteilt werden.

Körperliche Stresszeichen

Veränderungen der Atmung: Diese können sich in Hecheln mit einem breiten Grinsen bei zurückgezogenen Lippen äußern; einige Hunde sehen aus, als würden sie lächeln.

Fellveränderungen: Ein gestresster Hund kann sehr schnell Schuppen entwickeln, besonders im Nacken- und Schulterbereich, und das Fell sieht stumpf aus.

Erweiterte Pupillen: Dies ist eine Reaktion des Nervensystems.

Schwitzende Ballen: Feuchte Pfotenabdrücke werden auf dem harten Boden einer Trainingshalle oder auf dem tierärztlichen Behandlungstisch sichtbar. Sie ähneln unseren Schweißfüßen.

Gähnen: Dies muss man im Kontext sehen, weil Hunde auch gähnen, wenn sie müde sind. Das Gähnen aus Stress unterscheidet sich nur wenig vom schläfrigen Gähnen und ist intensiver.

Schütteln: Der Hund schüttelt sich am ganzen Körper, als käme er aus dem Wasser. Dies hilft ihm gegen Muskelverspannungen.

Zittern/Schaudern: Bei dieser Reaktion des sympathischen Nervensystems ist der Körper aktionsbereit gespannt; dies kann sich in Zittern äußern.

Verhaltensänderungen

Appetitlosigkeit: Wenn das sympathische Nervensystem angesprochen ist, steht das Fressen nicht an erster Stelle. Die Energie ist auf Action fokussiert, sei es Kampf oder Flucht. Ein Hund, der seine Trainingsleckerchen verweigert, hat eindeutig Stress.

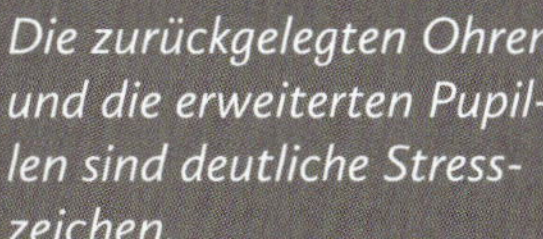

Die zurückgelegten Ohren und die erweiterten Pupillen sind deutliche Stresszeichen.

Hyperaktivität: Einige Hunde werden aktiver und intensiver, wenn sie gestresst sind. Man sieht dies beispielsweise bei Hunden, die in den Trainingshallen ihre „dollen fünf Minuten“ zeigen oder beim arbeitenden Cocker, der immer „fleißiger“ bis hin zum Fanatismus wird.

Häufiges Urinieren: Gestresste Hunde können häufiger Urin absetzen. Besonders Rüden heben oft sofort nach einer Stresssituation das Bein. Es ist auch eine übliche Reaktion bei Hunden mit Trennungsangst.

Walauge: Wenn man das Weiß im Auge des Hundes sieht, signalisiert dies häufig Angst. Die Augen sind weit geöffnet. Er versucht, die Situation zu vermeiden, indem er – zumindest teilweise – wegschaut, will aber trotzdem beobachten, was passiert.

Übersprungsverhalten: Dies sind Verhaltensweisen zur Selbstablenkung und sie können als Versuch angesehen werden, den emotionalen Zustand zu verändern. Sie umfassen beispielsweise Wasser trinken, langsames, nachdenkliches Schnüffeln und sich mit dem Hinterbein im Nacken kratzen.

Damit Ihr Hund effektiv und positiv lernen kann, müssen Sie in der Lage sein, die Stresszeichen zu erkennen. Stoppen Sie als erstes das Training und stellen dann einen neuen Plan auf, der Ihrem Hund hilft und ihn unterstützt. Wenn Sie mit Ihrem gestressten Hund das Training fortsetzen, werden Sie keinen Erfolg haben und eventuell mit nicht verlässlichem Verhalten enden.

Ihre Trainingsziele

Nun haben Sie die Bedürfnisse Ihres Hundes im Blick und können darüber nachdenken, was Sie mit Ihrem Trainingsprogramm erreichen möchten. Wir leben in einer sehr zielorientierten Welt und wir alle haben Trainingsziele, wenn wir mit unseren Hunden arbeiten. Das alleinige Konzentrieren auf das Ziel kann jedoch dazu führen, dass wir lospreschen, unbefriedigende Ergebnisse akzeptieren, die Schwierigkeit zu schnell erhöhen, nicht genug wiederholen, um das Verhalten zu festigen und im Gegenzug eine schwache Basis erhalten. Unvermeidbar werden sich solche Fehler rächen und es ist niederschmetternd, wenn Sie in ein fortgeschrittenes Level aufsteigen, nur um dort zu realisieren, dass Sie den langen Weg bis zum Anfang zurückgehen müssen, weil Ihre Basis nicht stabil genug ist.

Machen Sie einen Trainingsplan, indem Sie zunächst Ihr Endziel festlegen – das Verhalten/die Übung, die Sie erreichen möchten. Ihr Plan unterstützt Ihre Ziele, wenn Sie von Anfang an das Ende im Blick haben. Bei allen Hundeführern gibt es die Tendenz, im Training loszurasen. Dies führt dazu, dass in den frühen Lernstadien etwas vergessen oder ausgelassen wird – und boykottiert den Fortschritt in Richtung auf das Ziel.

Ein Beispiel: Sie trainieren die Übergänge zwischen Sitz, Steh und Platz und locken Ihren Hund mit Futter. Sie konzentrieren sich auf das angestrebte Verhalten und ignorieren die Tatsache, dass Ihr Hund sich beim Übergang zu den verschiedenen Positionen immer vorwärts und rückwärts bewegt. Dann möchten Sie, dass Ihr Hund auf Distanz zwischen Sitz, Steh und Platz auf der gleichen Stelle wechselt. Das unvermeidliche Resultat ist Kuddelmuddel und Konfusion. Sie haben Ihre Kriterien nicht klar gesetzt und Ihr Hund versteht nicht, was Sie von ihm wollen. Sie hätten dies vermeiden können, wenn Sie Ihren Hund nur verstärkt hätten, wenn er exakt das gewünschte Verhalten zeigt – d.h. zwischen Sitz, Steh und Platz wechseln, ohne vorwärts oder rückwärts zu gehen –, auch wenn dies bedeutet hätte, das Lerntempo zu verlangsamen und in kleinen Schritten in Richtung Ziel zu arbeiten.

Denken Sie daran: Um Fortschritte zu machen und das Erlernte zu festigen, müssen die Trainingssitzungen strukturiert und geplant sein. Wenn Sie keine Kriterien festlegen, gibt es auch keine Stufen, die Sie erhöhen können.

Erstes Lernen

Wie bereits bei den Bedürfnissen Ihres Hundes betont, sollte das erste Lernen in einer Umgebung stattfinden, die wenig Ablenkung bietet und das Lernen fördert. Sobald der Hund das Verhalten aber klar verstanden hat, sollte man das Umfeld beim Lernen variieren. Wenn man an immer dem gleichen Ort trainiert, kann sich ein abhängiges Lernen entwickeln, bei dem das Verhalten nur an diesem Ort zuverlässig abrufbar ist. Wie oft haben Sie das schon gehört: „Aber zuhause kann er es!" Wird das gelernte Verhalten nicht praktiziert und in verschiedenen Situationen eingeübt, wird es nicht zuverlässig.

Die Sicherheit des Lernens wird durch die Arbeit an drei Komponenten gefestigt: Ablenkung, Distanz und Dauer. Die Schwierigkeit der Komponenten sollte nacheinander erhöht werden, damit der Hund jeweils nur einer Herausforderung ausgesetzt ist, zum Beispiel nur gesteigerte Ablenkung.

Denken Sie daran, dass Ablenkung für jeden Hund etwas anderes bedeutet und oft rassespezifisch ist. Beispielsweise sind meine Cocker beim Training in der Halle mit anderen Hunden immer sehr fokussiert. Andere Hunde interessieren sie nicht oder regen sie nicht auf, und drinnen riecht es nicht so gut wie draußen. Dagegen gibt es draußen eine Fülle von Ablenkungen durch verführerische Gerüche. Aber auch draußen gibt es Unterschiede: Die Ablenkung ist im Wald mit dem Duft nach Fasanen anders als in einem gepflegten Stadtpark.

Der Schlüssel ist, das Lernen und den Ablauf des Verhaltens an einem Ort zu etablieren, der das Lernen fördert und dann gegebenenfalls Distanz und Dauer hinzuzufügen. Für das Bei-Fuß-Gehen und Bleiben brauchen wir Dauer, für Bleiben und Vorwärts dagegen Distanz. Dann, und nur dann, sollten wir die Umgebung wechseln und mit externen Ablenkungen üben. Hüten Sie sich vor Überforderungen, indem Sie zuviel in einem Durchgang verlangen.

Bedenken Sie, dass Hunde in einer Welt voller Gerüche leben und die Welt in Geruchsbildern „sehen". Wir sind visuell orientiert, daher kann eine Umgebung, die für uns nur wenig Ablenkung bietet, für den Hund aus der olfaktorischen Perspektive höchst interessant sein. Mehr dazu finden Sie in Kapitel 8: Mit Ablenkungen umgehen.

Konzentrationsaufbau

Selbstkontrolle nimmt mit zunehmender Praxis ab und ebenso die Konzentrationsfähigkeit des Hundes. Dies gilt für Hunde jeden Alters, aber besonders für junge und unerfahrene.

Das Ziel ist es, die Trainingseinheit so zu planen, dass Sie auf einem Leistungsgipfel arbeiten und die Fähigkeit aufbauen, länger Spitzenleistungen zu erbringen. Um dies zu erreichen, habe ich eine Art Zirkeltraining entwickelt, wenn ich den Clicker verwende, um Langeweile und Ermüdung vorzubeugen, was schnell zu negativen und schlechten Resultaten führt. Mit Hilfe des Zirkeltrainings können Sie Trainingseinheiten an die individuellen mentalen und körperlichen Fähigkeiten anpassen.

Beim Clickertraining mit jungen oder unerfahrenen Hunden arbeite ich normalerweise sechs Wiederholungen und mache dann eine Pause. Wenn der Hund erfahrener ist, steigere ich das Verhältnis auf zehn Wiederholungen und eine Pause. Ein geringes Verhältnis wähle ich immer für komplexe Aufgaben und Übungen zur Selbstkontrolle.

Bauen Sie die Konzentration schrittweise auf und erwarten Sie nicht zu schnell zuviel.

Pausen im Training sind unverzichtbar, weil sie latentes Lernen ermöglichen. Sie geben dem Hund die Zeit, die er braucht, um die soeben erhaltene Information zu verdauen.

Ich schlage vor, dass Sie in Einheiten von 6–10 Wiederholungen mit einer 40-Sekunden-Pause arbeiten. Nach sechs Einheiten sollte eine längere Pause von etwa 3–5 Minuten eingelegt werden – wie beim Zirkeltraining in der Sporthalle.

Wir neigen gern dazu, diese Grenzen zu überschreiten – deshalb zähle ich vorher die Belohnungen für jede Einheit ab, damit ich nur für 6–10 Wiederholungen genug habe. Auf diese Weise stellen Sie die notwendigen Pausen sicher.

Ich habe früher Reggae-Bass gespielt und gelernt, dass für einen perfekten Reggae-Sound die Pausen genau so wichtig sind wie die Noten. In ähnlicher Wiese sind auch im Hundetraining die Pausen genau so wichtig wie die Wiederholungen des Verhaltens, wenn Sie nach Perfektion streben.

Lerngeschwindigkeit

In meiner Dissertation ging es um die Lerngeschwindigkeit bei drei verschiedenen Trainingsmethoden: Shapen, Locken und Modellieren. Meine Testhunde waren alle jünger als sechs Monate und ich hatte meine Wiederholungsrate auf 10 gesetzt. Ich habe aber bald gemerkt, dass dies für die meisten meiner Hunde viel zu viel war. Hunde, die müde werden, machen Fehler, wenden sich ab und werden frustriert.

Einige Gebrauchshunde bleiben fleißig und aktiv, aber obwohl sie körperlich aktiv sind, heißt das nicht, dass ihr Gehirn ebenso gut arbeitet. Ein mitarbeitender Hund sollte sich zielgerichtet bewegen. Er sollte nicht verwirrt oder frustriert wirken oder fanatisch und hyperaktiv sein.

Sie müssen daher so planen, dass Sie eine Pause einlegen, bevor Ihr Hund aussteigt oder in einen „hirnlosen“ Modus schaltet.

Wissen, wann es genug ist

Im Training möchte ich Motivation, Engagement und Qualität. Ich gebe dem Hund ein klares Signal, dass ein „Set“ von Wiederholungen geschafft ist. Dies kann ein Hochheben der Hände oder der verbale Hinweis „fertig“ sein. Der Hund weiß nun, dass er eine Pause von einer Minute hat – die Zeit, die es braucht, um einige Leckerchen mehr zu bekommen oder eine alternative Belohnung zu finden –, bevor Sie ihn zur Weiterarbeit auffordern.

Wenn ich die ganze Sitzung beende, gebe ich das Zeichen „fertig“ und packe alles weg: Futter, Spielzeug, Clicker. Jetzt ist die Zeit gekommen, in der Ihr Hund „Hund sein“ darf und sich den Aktivitäten widmen darf, die er intrinsisch als belohnend empfindet, sei es eine Runde Knuddeln auf dem Sofa oder ein langer Spaziergang mit der Möglichkeit, all diese wunderbaren, verlockenden Düfte zu erkunden.

Problemlösungen

Wie wir haben auch Hunde gute und schlechte Tage. Dies trifft besonders auf die Entwicklungsphasen zu, während derer hormongesteuerte Steigerungen der Erregbarkeit und extreme Reaktionen auf externe Umgebungsreize auftreten.

Unabhängig davon, ob Sie einen Hund mit einem deutlichen Triebverhalten, Jagdimpulsen, reaktiven Instinkten oder großer Kontaktfreudigkeit besitzen, wird es Tage geben, an denen er nicht klarkommt. Sein instinktives Verhalten wird getriggert und der Hund hat keinerlei Fähigkeit zur Selbstkontrolle. In dieser Situation müssen Sie von Ihrem geplanten Trainingsplan abweichen und handeln. Verlassen Sie mit dem Hund die Umgebung und lassen für diesen Tag weniger mehr sein.

Nehmen wir als Beispiel den Border Collie-Welpen, der der Star seiner Gruppe ist und Dutzende Tricks beherrscht. Dann ist er eines Tages völlig fasziniert von seinen herumlaufenden Klassenkameraden und sein Jagdinstinkt wird getriggert. Sein schamroter Besitzer nimmt ihn an die Leine, an der der Hund zerrt und aus purer Frustration bellt. Der Besitzer erkennt, dass es ein Problem gibt, und entscheidet sich, den Welpen weiter dem Reiz – der Hundegruppe – auszusetzen, um das Problem zu lösen.

Das geht schief. Der Welpe ist überwältigt von seinem Wunsch zu jagen und der gleichzeitigen Frustration, an der Leine zu sein und verliert die Selbstkontrolle. Verschlimmernd kommt hinzu, dass sein hoch erregter Zustand durch die Umgebung konditioniert wird und keine operante Konditionierung – bei der das Verhalten durch Belohnung beeinflusst wird – stattfinden kann. Die Wiederholung dieses Szenarios führt zu einem Hund, der immer in der Gruppe die Kontrolle verliert und nicht trainiert werden kann.

Die Alternative und effektive Lösung für diesen Welpen – und für jeden anderen Hund, der einen ähnlichen Kontrollverlust erlebt – ist die Vermeidung des Stimulus, sprich in diesem Fall der Gruppenstunde, für eine gewisse Zeit. Stattdessen sollte der Hund in Trainingssitzungen arbeiten, die nur leichte, niedrigschwellige Reize aufweisen und man sollte möglichen Überreizungen besondere Aufmerksamkeit widmen. Für den Border Collie bedeutet dies, Bewegung auf ein Minimum zu reduzieren und Reize nur zu steigern, wenn er gelernt hat, seine instinktiven, genetisch verankerten Reaktionen zu nutzen.

Arbeite ich mit einem Welpen in der Gruppe und sehe Anzeichen dafür, dass er durchdreht, nehme ich ihn heraus oder wechsle mit ihm die Umgebung, bevor sein Verhalten bis zum Kontrollverlust eskaliert. Versuche, die Überregung zu drosseln, sind zum Scheitern verurteilt. Dagegen haben Sie jede Chance auf Erfolg, wenn Sie den Reiz entfernen und dann ein alternatives Verhalten lehren.

Wenn Sie ein Problem haben, müssen Sie natürlich daran arbeiten. Überlegen Sie jedoch bei Ihrer Trainingsplanung, was der Hund zu diesem Zeitpunkt, in dieser Situation und in diesem Lernstadium braucht. Kämpft er jedoch, aus welchem Grund auch immer (Alter, Stress, Furcht, Angst), um sein Leben oder wird von seinen Instinkten beherrscht, dann stellen Sie sicher, dass er nicht jeden Tag mit seinen Ängsten konfrontiert wird oder Herausforderungen meistern muss. Sobald Sie dies versuchen, wird Ihr Hund erschöpft und versagen.

Wie ich bereits betont habe, sind Pausen der Schlüssel, zusammen mit bereichernden Aktivitäten. Wenden Sie Zeit für die Problemlösung auf und arbeiten Sie in Richtung Ihrer Trainingsziele, aber nehmen Sie sich auch Zeit für Pausen und Spiele.

Fehler vermeiden

Möchten Sie ein neues Verhalten einüben, sollten die Kriterien so gewählt sein, dass sie fehlerfreies Lernen ermöglichen. Dies kann man durch sorgfältiges Planen erreichen.

Möchten Sie das Verhalten aber prüfen – es in verschiedenen Situationen ausprobieren – oder an der Selbstkontrolle arbeiten, sind Fehler unvermeidbar, weil Sie Impulse triggern müssen, damit der Hund lernt, sie zu kontrollieren.

Durch Fehler lernt der Hund, was belohnt wird und was nicht. Sie müssen aber die Fehlerquote genau im Auge behalten, damit Ihr Hund nicht frustriert wird oder negative Emotionen entwickelt. Daher lasse ich nur einer Fehlerquote von maximal zehn Prozent zu, wenn ich etwas Neues trainiere. Ich möchte eine hohe Belohnungsrate beibehalten, um den Hund zu motivieren und seinen Lerneifer zu ermutigen.

Meine Faustregel ist, nicht mehr als zwei Fehler zu erlauben. An diesem Punkt überdenke ich die Sitzung, um Frustration zu vermeiden. Wenn sich die Fehler öfter wiederholen – dreimal oder mehr – dann stoppen Sie das Training.

Überlegen Sie, warum die Fehler passieren. Versteht Ihr Hund die Kriterien? Funktioniert die Methode? Sind die Kriterien zu hoch? Motiviert die Verstärkung genug? Ist der Hund müde? Braucht er eine Pause?

Dann planen Sie Ihre Trainingsstrategie neu. Sie können sich dafür entscheiden, das Training für diesen Tag zu beenden, die Methode ändern, dem Hund mehr Unterstützung zum Verständnis der Übung geben, mehr Pausen einplanen, die Kriterien herabsetzen oder ein oder zwei Schritte zurückgehen. All diese Optionen sind berechtigt und hängen von Ihrem individuellen Hund und seiner emotionalen Lernantwort ab.

5 Die Kunst, ruhig zu sein

Selbstkontrolle zeigt sich in verschiedenen Formen, aber dem Hund beizubringen, auf seiner Position zu bleiben – um der Versuchung zu widerstehen – untermauert Ihr Training und hilft Ihnen dabei, Ihr angestrebtes Ziel zu erreichen.

Wir haben zwei grundsätzliche Erwartungen an das Ruhigbleiben:

Hinlegen (um sich zu erholen, zu entspannen, einzuschlafen)

Dies möchten wir, wenn Ihr Hund sich entspannen soll, weil eine Weile nichts passieren wird. Beispielsweise, wenn Sie fernsehen, zu Hause arbeiten oder essen, eine Gaststätte oder einen Freund besuchen oder wenn Sie – unter Umständen stundenlang – auf einem Turnier oder Workshop warten müssen, bis Sie an der Reihe sind. In diesen Situationen möchten Sie, dass Ihr Hund sich entspannen und in seiner Box schlafen kann und anschließend leistungsbereit ist.

Antizipatorische Ruhe (in Erwartung und Erregung)

In diesem Fall erwartet der Hund etwas Erfreuliches, Spaß oder Aufregendes – aber er muss warten, bevor es passiert. Dies kann das Warten an einer Tür sein oder das Warten, aus dem Auto springen zu können; oder er muss an der Startlinie im Agility warten oder auf das Losgeschicktwerden im Obedience oder als Jagdhund bogenrein arbeiten beziehungsweise die Erlaubnis zum Jagen abwarten.

Je besser sich ein Hund in der Erwartungshaltung kontrollieren kann, desto kontrollierter und erfolgreicher wird seine Leistung ausfallen.

Beide Arten der Selbstkontrolle – das Liegen und die antizipatorische Ruhe – funktionieren nicht isoliert; Sie möchten einen Hund, der beides kann. Bei einem Workshop müssen meine Hunde beispielsweise in ihren Boxen warten, während ich unterrichte, und dann erwarte ich antizipatorische Ruhe, wenn sie etwas demonstrieren sollen oder auf Anweisungen warten.

Lernen, ruhig zu sein

Ein längeres Liegenbleiben ist gewünscht, wenn Ihr Hund sich entspannen soll, bis er weitere Anweisungen erhält.

Antizipatorisches Warten bedeutet Warten, bis etwas Schönes passiert – beispielsweise einen geworfenen Dummy holen oder die erste Hürde im Agilityparcours überspringen.

Die Vorteile verknüpfen

Hat Ihr Hund gelernt, liegenzubleiben, haben Sie eine gute Basis für das Lernen der antizipatorischen Ruhe.

Das habe ich als besonders hilfreich empfunden, als ich mit meinem letzten Welpen trainiert habe, der nicht so leicht erregbar war wie meine selbstgezüchteten Cocker. Ich habe ihm beigebracht, sich auf einem Bett oder in seiner Box abzulegen und ihn dann zu vielen Welpen- und Jagdhundausbildungen und zu meinen Workshops mitgenommen.

Während meines Unterrichts konnte er die anderen Hunde bei der Arbeit beobachten. Auf diese Weise lernte er, in stimulierenden Umgebungen zu warten und zu beobachten, und er wurde regelmäßig für ruhiges und leises Verhalten belohnt.

Es gab Zeiten, in denen er sich durchkämpfen musste, aber das war zu erwarten. Statt Frustration und das Gefühl des Versagens zuzulassen, habe ich dann seine Umgebung verändert. Ich habe mit ihm „Sitz und Warte" geübt und andere Spiele gespielt, die die antizipatorische Ruhe fördern, wie das „Mäuschen, Mäuschen" (s. S. 103), um ihn belohnen zu können. Die andere Option war, ihn ins Auto zu bringen, weil ich wusste, dass er sich dort hinlegen und schlafen kann.

Ich weiß, dass mit zunehmendem Alter und Erfahrung für ihn die Zeit kommt, in der er impulsiver und in bestimmten Situationen erregbarer wird und sich nicht ruhig hinlegen kann. Wenn dies geschieht, werde ich einfach die Umgebung verändern, um ihn zu unterstützen.

Mein Rat ist, zuerst das Hinlegen in allen neuen Umgebungen zu üben, in denen es notwendig ist, und dann die antizipatorische Ruhe ins Training aufzunehmen.

Hinlegen

Wenn Sie Ihrem Hund das Hinlegen auf Kommando beibringen wollen, möchten Sie nicht nur, dass er sich für eine bestimmte Zeitspanne hinlegt, sondern auch, dass er dabei in einem entspannten emotionalen Zustand ist. Wie wir gesehen haben, ist dies für eine Reihe von Situationen nützlich. Der Hund lernt, in Zeiten, in denen nichts von ihm verlangt wird, abzuschalten, und das Liegen ermöglicht ihm Ruhe, Entspannung und auch Schlaf.

Viele Verhaltensprobleme beim Hund, besonders bei Welpen, beruhen auf zu wenig Pausen, Ruhe und Schlaf. Ein übermüdeter Welpe ist noch schlimmer als ein übermüdetes Kind. Er dreht auf, wird laut und neigt zum Beißen; sich zu konzentrieren wird zur Quälerei und damit auch das Lernen.

Für mich ist das Hinlegen das wichtigste Verhalten, das man üben muss, denn die Unfähigkeit zu entspannen und zu schlafen beeinflusst alles andere negativ, vom Trainingserfolg bis zum Aufbau der Bindung. Ein müder, schlecht gelaunter Welpe kann nichts leisten und Sie beide werden einander enttäuschen.

Bei dieser Übung benutzen wir keinen Clicker. Der Grund dafür ist, dass jedes Clickern kleine Dopaminstöße im Gehirn freisetzt. Dopamin stimuliert das Lustzentrum im Gehirn; deshalb lieben Hunde das Clickern ja. Es macht den Hund auch aufmerksam und wach, wir möchten aber, dass er entspannt und womöglich einschläft. Daher vermeiden wir alles, was ihn stimuliert oder aufregt.

Das Hormon Melatonin ist am Schlafverhalten beteiligt; Melatonin und Dopamin befinden sich in Balance und wirken antagonistisch. Melatonin fördert die Müdigkeit und bereitet den Körper auf den Schlaf vor. Wenn wir abends zu Bett gehen, nimmt die Dopaminkonzentration ab und die Melatoninkonzentration steigt an, während morgens beim Aufwachen das Gegenteil passiert. Wir vermeiden alles, was Dopamin stimuliert, und fördern die Melatoninproduktion, wenn wir versuchen, die Entspannung des Hundes einzuleiten.

Der zeitliche Rahmen für das Liegen kann sich zwischen 15 Minuten und mehreren Stunden bewegen. Bevor Sie mit dem Training anfangen, überdenken Sie einen Moment Ihren normalen Tagesablauf und machen Sie sich Gedanken, wann Ihr Hund sich auf Signal ablegen soll. Machen Sie eine Liste mit fünf Situationen, in denen Sie das Ablegen praktizieren und trainieren möchten, zum Beispiel:

1. Besuch von Freunden

2. Essen

3. Fernsehen schauen

4. Arbeit am Computer

5. Besuch einer hundefreundlichen Gaststätte

Schritt für Schritt

Beim Einüben eines Verhaltens belohnen wir normalerweise den Hund am Ende der Übung. Beim Üben des Ablegens belohnen wir während der Übung. Das Ende der Übung bedeutet das Einstellen der Belohnungen. Auf diese Weise können wir den Hund für ein Fortführen der Übung motivieren. Es hilft auch zu vermeiden, dass wir ein antizipatorisches „Warte“ aufbauen.

Als ersten Schritt für das Ablegen müssen wir dem Hund verständlich machen: „Wenn Du liegst, bekommst Du Leckerchen, wenn Du aufstehst, gibt es keine Leckerchen.“

Sie werden eine Menge sehr kleiner, leckerer Belohnungen brauchen. Hunde, die gelernt haben, Leckerchen durch Bellen einzufordern, werden für diese Übung Manieren lernen müssen, weil sie sonst bei ihnen Frustration erzeugt.

Wie bei allen Trainingsaufgaben starten wir in einer ablenkungsarmen Umgebung und steigern die Anforderungen erst, wenn der Hund das Verhalten erlernt hat.

- Locken Sie den Hund in die liegende Position und füttern Sie ein Leckerchen nach dem anderen, so schnell Sie können. Es ist sehr wichtig, dass das Futter zwischen die Vorderpfoten gelegt und der Hund nicht aus der Hand gefüttert wird.

- Irgendwann wird der Hund aufstehen und sich auf Ihre Hand zubewegen. Wenn dies passiert, schließen Sie Ihre Hand und lassen ihn nicht an das Futter gelangen. Dann zählen Sie bis 30 – sprich warten Sie etwa 30 Sekunden.

- Hat der Hund sich nach 30 Sekunden nicht wieder hingelegt, locken Sie ihn wieder ins Liegen und setzen das kontinuierliche Füttern fort. Die 30-Sekunden-Pause „keine Belohnung“ ist wichtig, um das Aufstehen des Hundes mit dem Futterstopp zu verknüpfen. Sie ermöglicht das Nachdenken und Problemlösen, damit dem Hund bewusst wird, dass das Füttern aufhörte, weil er aufgestanden ist. Wenn Sie einen klugen Hund haben, wird er sich innerhalb der 30 Sekunden wieder hinlegen – für diese Entscheidung muss er belohnt werden. Legt sich der Hund aus eigenem Antrieb hin, müssen Sie das kontinuierliche Füttern also fortsetzen. Das Ziel ist, dass der Hund das Hinlegen innerhalb der 30-Sekunden-Pause *wählt*.

- Sobald Ihr Hund verstanden hat, dass der menschliche Futterautomat die Arbeit einstellt, wenn er aufsteht, können Sie die Lieferung verlangsamen. Versuchen Sie eine Sekunde zwischen den Leckerchen zu warten, dann zwei Sekunden, dann drei und so weiter.

Halten Sie Ihre Leckerchen in der Hand, die vom Hund weiter entfernt ist und belohnen Sie mit der anderen Hand. Legen Sie die Leckerchen zwischen die Vorderpfoten.

- Ich füge ein Zeichen oder Kommando erst zu diesem Verhalten hinzu, wenn der Hund beginnt, sich zu entspannen. Der Hund legt sich dann normalerweise auf eine Hüfte und sieht aus, als würde er darüber nachdenken, liegenzubleiben. Sie können dann das Signal „ruhig" oder „bleib liegen" verwenden.

- Bei manchen Hunden bewirkt der Gebrauch von Futter einen hoch erregten, antizipatorischen Zustand, den wir nicht wollen. Haben Sie so einen Hund, müssen Sie den Wert des Futters reduzieren und Ihre Bewegungen beim Füttern verlangsamen, wenn Sie das Futter zwischen seine Pfoten legen. Dies hilft ihm, sich zu beruhigen. Im Laufe der Zeit können Sie die Futterbelohnung abbauen und durch ruhiges verbales Lob ersetzen.

- Ich verwende drei verschiedene Signale, um das Ablegen zu beenden:

  › „Fertig“: Dieses Kommando benutze ich im Training. Es entlässt den Hund aus seiner Position, wenn er erregt darauf wartet, sich eine Belohnung abzuholen.

  › „Los geht's“: Dies entlässt den Hund aus dem entspannten Liegen. Es gibt keine Belohnung und der Hund ist nicht im antizipatorischen Status.

  › „Ab mit Dir“: Dieses Freizeichen verwende ich während des Spaziergangs im Park. Es bedeutet, dass der Hund nun frei seine Umgebung erkunden darf.

So, nun haben Sie Ihrem Hund das Ablegen beigebracht und eine gute Ausrede für den Besuch einer hundefreundlichen Gaststätte!

Den Hund parken

Diese Übung ähnelt dem Ablegen, weil wir den gleichen emotionalen Zustand möchten, d.h. ruhig und entspannt. Der einzige Unterschied ist, dass der Hund seine Position (sitzen, liegen oder stehen) selbst auswählen kann.

Sie gehen beispielsweise mit Ihrem Hund spazieren und treffen einen Freund. Sie möchten, dass Ihr Hund neben Ihnen bleibt, aber er will sich nicht legen, weil der Boden nass und schlammig ist. Er kann sich dann seine Position aussuchen, so lange er sich ruhig verhält.

Einmal gefestigt, ist das Parken sehr nützlich:

- Ihr Hund zerrt Sie nicht herum,
- stürzt sich nicht auf andere Hunde oder Menschen,
- springt nicht an Ihnen hoch.

Stattdessen wird er für ruhiges Verhalten belohnt und Sie können sich in Ruhe mit Ihrem Freund unterhalten, ohne Angst vor Unterbrechungen!

Erlauben Sie Ihrem Hund, eine Position zu wählen, in der er sich sehr wahrscheinlich ruhig und entspannt fühlt.

Schritt für Schritt

Um Ihren Hund draußen zu parken, brauchen Sie eine Trainingsleine. Dies ist eine Leine, die in voller Länge etwa drei Meter lang ist, aber Ringe hat, um sie zu verkürzen. So ist Ihr Hund sicher und geschützt.

- Legen Sie die Trainingsleine an und halten Sie sie in einer Hand. Stellen Sie sich aber auch auf die Leine, und zwar so, dass der Hund noch bequem sitzen, stehen oder liegen kann.

- In der „Parkposition" muss der Hund unterstützt werden, um das richtige Verhalten zu lernen. Hierzu belohnen Sie alles, was Ihnen geeignet erscheint, beispielsweise

  › ruhiges Sitzen
  › ruhiges Stehen
  › ruhiges Liegen
  › herumschauen
  › Sie anschauen
  › den Boden beschnüffeln

Belohnen Sie jede dieser Verhaltensweisen immer, wenn Sie sie sehen, damit Ihr Hund versteht, was von ihm erwartet wird. Die Belohnung besteht nur aus einem kleinen Leckerchen, entweder direkt gegeben oder fallen gelassen. Vermeiden Sie Augenkontakt oder verbales Lob; nur das Futter sollte das gewünschte Verhalten verstärken.

- Wenn Sie den Hund nicht belohnen, kann er verwirrt und/oder frustriert werden und anfangen zu bellen, zu zerren oder auf der Leine zu kauen. Es ist wichtig, dass Sie dies nicht zulassen.

- Sitzt Ihr Hund so weit von Ihnen entfernt, dass die Leine sich spannt, heben Sie Ihren Fuß und geben ihm etwas mehr Raum.

- Einige Hunde werden in dieser Situation sehr unaufmerksam und brauchen Extrahilfe. Einen solchen Hund können Sie parken und dann ein Leckerchen nach dem anderen auf den Boden fallen lassen, so als würden Sie das Ablegen üben. Tun Sie dies so lange, bis der Hund anfängt, über das Geschehen nachzudenken. Bietet er dann erwünschtes Verhalten an, wie Stehen oder Sitzen, können Sie es belohnen.

Antizipatorische Ruhe

Hat Ihr Hund verstanden, dass es Zeiten gibt, in denen ruhiges Verhalten das lohnenswerteste Verhalten ist, sind Sie für das Üben der antizipatorischen Ruhe bereit. Dies ist eine weitere Herausforderung für die Fähigkeit zur Selbstkontrolle.

Hier kann mit dem Clicker geübt werden, weil sich im Clickertraining alles um die Erwartung von Click und Verstärkung dreht. Man kann auch Spiele einsetzen, die die Erregung fördern und hierdurch die Fähigkeit aufbauen, trotz Aufregung still und ruhig zu sein. Sie müssen in einer ruhigen Umgebung mit minimalen Ablenkungen starten und ruhige Verhaltensweisen einfangen und belohnen.

Achten Sie zunächst auf natürliche Ruhezeichen und bauen darauf auf. Dafür müssen Sie Ihren Hund gut beobachten – achten Sie auf Augen, Mund, Ohren und Rute – und markieren Sie Ruhe mit einem Click und Belohnung. Hat Ihr Hund gelernt, sich ruhig zu verhalten, können Sie Ablenkungen zufügen und die Erregung steigern.

Meine bevorzugte Methode ist es, den Hund zur Ruhe zu shapen und mich schrittweise auf das Ziel vorzuarbeiten.

Schritt für Schritt

- Wählen Sie eine Position, die für Ihren Hund bequem ist – normalerweise ein Sitz oder Platz.
- Fangen Sie diese Position ein. Beherrscht Ihr Hund das spontane Sitzen (s. S. 33), können Sie fünf Mal das Spontan-Sitz clicken und belohnen.
- Nun verlängern Sie die Dauer und dehnen die Zeit zwischen dem spontanen Hinsetzen und Click und Belohnung aus.
- Der nächste Schritt ist, jede Bewegung des Hundes während des Sitzens genau zu beobachten. Hechelt er? Bewegt er die Pfoten? Zucken seine Ohren? Wedelt er mit dem Schwanz? Warten Sie auf irgendeine Verbesserung – das Maul schließen, die Pfoten ruhig halten, weniger Schwanzwedeln, Kopf und Ohren ruhig halten – und clicken und belohnen Sie dann. Dies wird in vielen Teilschritten wiederholt, bis der gesamte Körper „eingefroren" ist.

Ich belege dieses Verhalten nicht mit einem Signal, damit der Hund Ruhe anzubieten lernt, um eine Belohnung zu bekommen. Auf diese Weise erhalte ich ein starkes, frei gewähltes Verhalten. Der Grund hierfür ist folgender: Wenn Sie durch Spielen und Belohnungen der Übung Erregtheit hinzufügen, muss der Hund immer noch Ruhe anbieten, damit der „Spaß" wieder losgeht. Im Erregungszustand soll der Hund sich selbst kontrollieren und ruhig sein können und dies erfordert sowohl kognitive als auch motorische Fähigkeiten. Das ruhige Verhalten ist selbst eine Fähigkeit, die erlernt und durch Übung und Wiederholung entwickelt werden muss. Unter dem Strich bedeutet es: Biete den Stillstand an und Du wirst belohnt.

Wenn Sie ein Kommando oder eine Aufforderung für dieses Verhalten geben, während der Hund mit der Übung kämpft, wird das Signal zu einem zusätzlichen Druck und er wird immer frustrierter. Er braucht Zeit, um herauszuarbeiten, wie er sich die Belohnung verdienen kann und muss Erfahrungen sammeln, sein Verhalten dementsprechend anzupassen. Diese Zeit zwischen dem Ende des Vergnügens und dem Warten auf Ruhe ist der Beginn der Selbstkontrolle.

Der Hund lernt, sich selbst zu managen, mit seiner Erregung umzugehen und ein Verhalten zeigen zu können, welches Konzentration und Fokus erfordert.

Sobald Ihr Hund diese Übung gemeistert hat, können Sie mit dem Training – und seiner Selbstkontrolle – fortfahren und ihm beibringen, seine Position zu halten, bis er freigegeben wird.

Sitz-Bleib und Freigabe

Das Trainieren des stillen Sitzens über eine kurze Zeitspanne – irgendwo zwischen zwei Sekunden und zwei Minuten – ist die Grundlage für das Verstehen und Erlernen der antizipatorischen Ruhe. Wir erwarten in diesem Stadium kein „Einfrieren", aber wir erwarten, dass der Hund in einer Position ruhig und ohne Gehampel ausharrt, anfangs, bis ihn ein Click und später ein Freigabezeichen erlöst.

Beim Trainieren des Bleib fokussieren sich viele Leute darauf, große Distanzen zu erreichen, während sie ununterbrochen dem Hund das Wort „Bleib" zurufen. Das Sitz-Bleib ist jedoch eine Übung der Dauer, und das Ziel ist, wie beim Bei-Fuß-Gehen, dass der Hund auf ein Signal das geforderte Verhalten über eine definierte Zeitdauer beibehalten kann. In anderen Worten, „Bleib" bedeutet: „Bleibe auf deiner Position, bis du ein Zeichen erhältst, dass du dich bewegen kannst."

Die beste Methode für die Kontrolle des Lernerfolges ist es, zu zählen, wie oft der Hund auf seiner Position blieb, bis er freigegeben wurde, und nicht zu messen, wie lange er dort blieb, bevor er sich aus eigenem Antrieb dort wegbewegte.

Ein Beispiel: Wenn Sie sechs Mal das Bleib über zehn Sekunden üben und den Hund jedes Mal deutlich mit dem Clicker freigeben, haben Sie bei sechs Lernwiederholungen eine Erfolgsrate von 100%. Wenn Sie im Gegensatz hierzu ein Bleib über 60 Sekunden anstreben und der Hund bewegt sich nach 59 Sekunden fort, haben Sie bei einer Lernwiederholung eine Fehlerquote von 100%. Soll der Hund das Bleib gut beherrschen, muss er den Beginn und – noch wichtiger – das Ende der Übung deutlich verstehen.

Wenn wir das Sitz-Bleib trainieren, sollten wir im Kopf haben, eine Fähigkeit fürs Leben aufzubauen, auf die wir uns in allen Situationen verlassen können. Es hat keinen Sinn, mit ausgestrecktem Arm vor Ihrem Hund zu stehen und „Bleib, Bleib, Bleib, Bleib" zu rufen, um zu sehen, wie weit Sie weggehen können. Damit können Sie vielleicht im Park angeben, aber es hilft Ihnen nicht dabei, ein alltagstaugliches Sitz-Bleib zu lernen.

Denken Sie daher an Ihren Alltag und an Situationen, in denen es nützlich sein könnte, wenn Ihr Hund das Bleib beherrscht. Vielleicht, wenn Sie eine Straße überqueren, die Leine anlegen oder durch einen Eingang gehen möchten und planen Sie dann Ihr Training dementsprechend.

Es gibt drei Elemente, das Bleib zu trainieren und zu testen: Distanz, Dauer und Ablenkung. Ist die Basis gelegt, muss der Hund an allen drei Elementen arbeiten, um das Verhalten zu festigen und in verschiedenen Kontexten wiederholen zu können – zu jeder Zeit, an jedem Ort – wannn immer es notwendig ist.

Die drei Elemente bedeuten im Einzelnen:

Distanz: Wie weit können Sie sich von Ihrem Hund entfernen?

Dauer: Wie lange kann der Hund ruhigbleiben?

Ablenkung: Alles, was den Hund dazu bringt, das Bleib abzubrechen. Dies kann ein externer Reiz aus der Umgebung sein oder ein interner Reiz in Abhängigkeit vom emotionalen Status des Hundes. Mehr Informationen erhalten Sie im Kapitel 8 Mit Ablenkungen umgehen (s. S. 135).

Die Herausforderungen beim Ruhigsein

Schauen wir uns typische Beispielsituationen an, in denen wir ein Sitz-Bleib anwenden möchten, werden wir sehen, dass die Distanz für den Hund nicht sehr relevant ist, aber die Dauer und Ablenkung sehr wichtig sind.

Hier sind zehn Beispiele für ein Sitz-Bleib aus dem wirklichen Leben, die zeigen, ob Distanz, Dauer oder Ablenkung erforderlich sind.

Warten, während Sie Leine, Halsband und Geschirr anlegen: Hier beträgt die *Dauer* bis zu zwei Minuten mit der *Ablenkung* durch Ihr Bewegen und Hantieren. Es gibt nur wenig oder keine *Distanz* in dieser Übung.

Warten, während Sie die Leine abnehmen: Dies entspricht etwa zehn Sekunden *Dauer* mit der *Ablenkung* durch Ihr Bewegen und Hantieren. Es gibt nur wenig oder keine *Distanz* in dieser Übung.

An einem Eingang oder Tor warten: Es geht um eine variable *Dauer*, je nachdem, wie lange Sie brauchen, um die Tür oder das Tor zu öffnen. Die *Ablenkung* ist Ihre Bewegung. Sie müssen dem Hund vielleicht den Rücken zukehren und sich darauf konzentrieren, was Sie tun. Auch ein wenig *Distanz* ist beteiligt, wenn Sie sich zwei oder drei Schritte entfernen, damit Sie durch das Tor gehen können, während Ihr Hund auf der anderen Seite wartet.

Am Straßenrand warten, um die Straße zu überqueren: Die *Dauer* kann deutlich variieren. Ich beginne an ruhigen Straßen mit wenig Verkehr und steigere bis zu vielbefahrenen Straßen, an denen der Hund einige Zeit warten muss. Die *Distanz* besteht aus einem Schritt vor dem Hund, mit der *Ablenkung*, dass Sie ihm den Rücken zuwenden, um sich auf einen sicheren Zeitpunkt für die Überquerung zu fokussieren. Der Verkehr stellt eine zusätzliche Ablenkung dar; die Bewegungen können den Wunsch zu laufen triggern oder wegen der Geräusche und Gerüche eine Angstreaktion auslösen.

Warten, um ins Auto einzusteigen oder auszusteigen: Die *Dauer* ist variabel und die *Entfernung* beträgt zwei oder drei Schritte. Die *Ablenkung* besteht im Öffnen und Schließen der Tür und Ihren Bewegungen und Sie werden eher auf Ihr Auto schauen als auf Ihren Hund. Zusätzlich kann es *interne Ablenkungen* geben. Beispielsweise wird Aufregung den Impuls triggern, schnell herein- oder herauszuspringen. In dieser Situation ist das Sitz-Bleib eine großartige Übung zur Impulskontrolle. Einige Hunde werden reisekrank oder haben unangenehme Reiseerfahrungen, die zu negativen Assoziationen mit dem Auto führen – eine andere interne Ablenkung. Solche Hunde beherrschen normalerweise ein großartiges Sitz-Bleib vor dem Einsteigen, aber sie tendieren zum Hinauspreschen, sobald sich die Tür öffnet. Sie brauchen einen anderen Trainingsansatz, um sich mit dem Reisen anzufreunden.

Warten, während Sie einen Haufen aufheben: Die *Dauer* ist variabel und die *Ablenkung* ist Ihre Bewegung, bei der Sie eine Hand in die Jackentasche stecken, sich vorbeugen und sich auf das Geschäft in Ihrer Hand konzentrieren.

Der Haufen selbst kann eine Ablenkung sein, wenn der Hund ein Kotfresser ist. Die *Distanz* beträgt ein bis zwei Schritte.

Warten, während Sie über einen Zaun klettern: Die *Dauer* beträgt weniger als eine Minute, die *Ablenkung* sind Sie selbst beim Überwinden des Zauns. In diesem Szenario ist die *Distanz* wieder die Entfernung bis zur anderen Seite des Zauns.

Warten, während Sie sich die Schuhe zubinden: Die *Dauer* ist weniger als eine Minute, die *Ablenkung* Ihre Bewegung beim Zubinden, die *Distanz* ein bis zwei Schritte.

Warten, während Sie das Futter vorbereiten: Die *Dauer* variiert in Abhängigkeit von der Art des Futters. Ich muss fünf Näpfe vorbereiten, das dauert seine Zeit! Die *Distanz* beträgt bis zu fünf Schritte, die *Ablenkung* ist Ihre Bewegung und die Zubereitung des Futters. Diese Situation triggert *interne Ablenkungen* wie Aufregung und Aufmerksamkeit.

Das tägliche Leben wird angenehmer und sicherer, wenn Ihr Hund seine Impulse kontrollieren kann und auf Instruktionen wartet.

Warten, während Sie die Haustür auf- oder zuschließen: Hier ist die *Dauer* variabel und hängt von der Zeit ab, die Sie für das Auf- oder Zuschließen brauchen. Die *Ablenkung* ist Ihre Bewegung – vielleicht stecken Sie die Hand in die Tasche, um den Schlüssel zu suchen usw. Zusätzlich müssen Sie vielleicht Ihrem Hund den Rücken zudrehen und sich auf Ihr Tun fokussieren. Es wird nur eine minimale *Distanz* geben – der Hund ist zwei oder drei Schritte von Ihnen entfernt.

In diesen Situationen umfasst die Ablenkung meist die variierende Körpersprache und Bewegung des Hundeführers, und in einigen Beispielen muss der Hundeführer dem Hund den Rücken zukehren und sich auf andere Dinge konzentrieren. Haben Sie schon die Dauer des Sitz-Bleib auf etwa eine Minute ausgedehnt und können sich herumbewegen, ohne dass der Hund abbricht, beginnen Sie mit der Arbeit in Umgebungen mit größeren Herausforderungen, in denen es andere Ablenkungen gibt als Sie selbst.

Die Dauer aufbauen

Wir haben gesehen, dass die Dauer unabdingbar ist, um das Sitz-Bleib im wirklichen Leben effektiv anzuwenden. Wie bauen wir sie nun im Training auf?

Ich wende hierfür die 300-Picks-Methode an, die von der Clicker-Pionierin und Verhaltensexpertin Karen Pryor entwickelt wurde. Sie funktioniert, indem die Dauer sukzessive um jeweils eine Sekunde verlängert wird.

- Um die Dauer beim Sitz-Bleib aufzubauen:

- Geben Sie das Kommando Sitz, zählen Sie bis eins (Dauer eine Sekunde), Click und Belohnung.

- Sitz, zählen Sie bis zwei, Click und Belohnung.

- Sitz, zählen Sie bis drei, Click und Belohnung und so weiter. Zählen Sie im Kopf und nicht laut. Sie haben sonst später einen Hund, der nur im Sitz-Bleib ausharrt, wenn er Sie zählen hört.

- Werfen Sie die Belohnung auf den Boden. Der Clicker markiert das Ende der Übung genau; wenn Sie das Leckerchen werfen, steht der Hund auf, um es zu holen und Sie können ihn wieder ins Sitz bringen, um neu zu starten.

- Während Sie am Aufbau der Dauer arbeiten, wird der Hund das Bleiben an irgendeinem Punkt „abbrechen". Nun müssen Sie einen Abbruch des gewünschten Verhaltens definieren. Hier ist eine Liste mit Beispielen, die ich als Abbruch des Bleibens einordnen würde:

  › Der Hund steht auf und geht.

  › Der Hund legt sich.

  › Der Hund bellt.

  › Der Hund tänzelt herum.

Wenn so etwas passiert, loben Sie den Hund nicht, sondern locken ihn ruhig aus seiner Position, damit Sie ihn erneut zum Sitz auffordern können. Bei einem Fehler müssen Sie auf eine Sekunde zurückgehen und das Bleib von hier aus neu aufbauen. Das ist nicht schlimm, wenn der Hund etwa sieben Sekunden geschafft hatte, aber wenn Sie schon bei 59 waren, ist es aus meiner Sicht niederschmetternd! Sie müssen hier die Frustration bewältigen, denn Sie müssen bei einem Fehler des Hundes beim Lernen einer neuen Übung immer zum Anfang zurückkehren und ihn neu aufbauen, um Erfolg zu haben.

- Kann Ihr Hund zuverlässig etwa 20 Sekunden bleiben, dürfen Sie – wenn Sie wollen – das verbale Signal „Bleib" einführen. Also sagen Sie beim nächsten Mal „Sitz-Bleib" und arbeiten an der Dauer weiter. Das heißt, Sie verknüpfen das Wort „Bleib" mit dem Bleiben in gleicher Position. Ich persönlich glaube nicht, dass man den Hund zum Bleiben auffordern muss; Sie können ihm auch beibringen, „Sitz" bedeutet: „Bleib so lang sitzen, bis Du freigegeben wirst."

- Beim Trainieren der Dauer können Sie auch etwas Ablenkung hinzufügen, indem Sie Ihre Körpersprache ein wenig verändern. Zum Beispiel:

  › Schauen Sie zum Hund, schauen Sie in eine andere Richtung.

  › Kratzen Sie sich am Ohr oder am Kopf.

  › Legen Sie die Hände auf Ihre Hüften.

Beim Trainieren der Dauer können Sie die Stärke des Verhaltens testen, indem Sie Ihre Körpersprache ein wenig verändern.

› Verlagern Sie Ihr Gewicht von einer Hüfte auf die anderen.

› Drehen Sie den Kopf, um in eine andere Richtung zu schauen.

Das Freigabe-Signal

Haben Sie ein zuverlässiges Sitz-Bleib aufgebaut, müssen Sie ein Freigabe-Signal einführen:

- Bisher hat der Click das Verhalten markiert und beendet und der Hund hat gelernt, darauf zu warten. Der nächste Schritt ist, den Click durch ein Freigabe-Signal zu ersetzen – und je schneller Sie dies tun, um so besser ist es für das endgültige Verhalten. Sie können das Signal selbst wählen. Wie bereits erwähnt, verwende ich „Fertig" als Freigabe-Signal im Training, weil es unwahrscheinlich ist, dass ich das Wort bei anderen Gelegenheiten benutze. Sie können auch „Ende", „Frei" oder „Okay" nehmen.

- Beginnen Sie damit, den Hund zum Sitz aufzufordern, zählen Sie (im Kopf) bis fünf und geben Ihr Freigabe-Signal. Wenn Sie das Signal geben, ermutigen Sie Ihren Hund, sich zu bewegen, indem Sie Ihre Körpersprache schnell ändern. Ich beuge meinen Oberkörper nach vorn, als würde ich gleich loslaufen. Wenn der Hund sich bewegt, clicke ich die Bewegung und werfe dann ein Leckerchen. Sie belohnen auf diese Weise den Hund für die Bewegung, sobald es ihm erlaubt wurde.

- Der Hund wird bald verstehen, dass er ruhig bleiben muss, um die Belohnung zu bekommen. In der Welt des Hundetrainings nennen wir dies das Premack-Prinzip. Es ist auch als Großmutters Regel bekannt: „Wenn du das Gemüse isst, bekommst du den Pudding." In unserem Szenario: „Wenn du ruhig bleibst, wirst du freigegeben."

Ihr Hund wird diese Übung viel besser finden als das Sitz-Bleib, weil Bewegung mehr Spaß macht als Stillstand, besonders wenn er eifrig und aktiv ist. Meine Hunde lieben das Warten auf die Freigabe; es ist eine ihrer Lieblingsbeschäftigungen. Sie glauben, das Warten auf die Erlaubnis, wieder die lebhaftesten Cocker zu sein, sei das beste Spiel überhaupt!

Geben Sie Ihr Freigabe-Signal. Sobald Ihr Hund sich bewegt, clicken Sie und werfen eine Belohnung.

6 Spiele zur Förderung der Ruhe

Trainieren heißt auch, am Ball zu bleiben. Damit Verhaltensweisen abrufbar bleiben, müssen sie in regelmäßigen Intervallen praktiziert – und verstärkt – werden. Um den Hund nicht zu drillen – das würde das Training langweilig und monoton machen – habe ich ein paar Spiele ausgesucht, die Spaß und die Kunst des Ruhigbleibens bringen.

Mäuschen, Mäuschen

Bei diesem großartigen Spiel wird nicht nur die antizipatorische Ruhe trainiert, sondern auch Aufregung und Aufmerksamkeit erzeugt. Es ist eines meiner Lieblingsspiele und Hunde lieben es auch. Je nach dem gewünschten Ergebnis kann man verschiedene Variationen anwenden. Einige Trainer nutzen es, um verschiedene Verhaltensweisen einzufangen; beispielsweise fange ich damit die Ruhe beim Lauern auf Beute ein.

Das Spiel lehrt den Hund, sich auf etwas anderes als auf Sie zu fokussieren, und auch geduldig zu warten – zwei wertvolle Fähigkeiten fürs Leben. Es nutzt das Beutespiel, d.h. ein Spiel, mit dessen Hilfe viele Tiere natürlicherweise lernen, sich zu fokussieren und geduldig zu sein.

Für dieses Spiel brauchen Sie ein paar visuelle Trainingsleckerchen, die Sie mit den Fingern über den Boden schnipsen können. Ich nehme kleine Käse- oder Wurstwürfel als „Maus“.

Schritt für Schritt

- Legen Sie ein Leckerchen auf den Boden und bedecken es mit Ihrer Hand – das ist die Maus in ihrem Mauseloch. Wenn Ihr Hund versucht, seine Nase in das Loch zu stecken, um die Maus zu bekommen, lassen Sie dies nicht zu und halten Ihre Hand weiter fest über dem Leckerchen. Der Hund muss zurückweichen und geduldig warten, bis die Maus ihre Nase aus dem Loch steckt.

- Sobald der Hund zurückweicht, nehmen Sie Ihre Hand von dem Leckerchen und geben ihm einen kleinen Stoß, damit der Hund es fangen kann. Wiederholen Sie dies ungefähr vier Mal.

- Wenn die Maus ihre Nase heraussteckt und der Hund startet, verschwindet die Maus schnell wieder in ihrem Loch (Ihre Hand bedeckt das Leckerchen wieder). Wenn der Hund zurückgeht und die Maus einige Sekunden ihre Nase aus dem Loch stecken kann, schnipsen Sie das Leckerchen über den Boden.

- Der Hund muss lernen, geduldig zu warten, bis die Maus sich sicher genug fühlt, um ihr Loch zu verlassen. Sobald sich die Maus entscheidet, loszurennen, d.h. wenn Sie die Belohnung schnipsen, kann der Hund sie jagen und fangen.

- Dann bauen Sie die Dauer auf, in der Ihr Hund geduldig auf das Losrennen der Maus wartet.

- Wenn Sie dies geübt haben, können Sie das Spiel auch nutzen, um den Fokus zu erhalten. Wird Ihr Hund abgelenkt, während er auf die Maus wartet, nehmen Sie das Leckerchen auf und stecken es in Ihre Tasche. Konzentriert er sich wieder, ist die Maus verschwunden. Sie ist nicht in ihrem Loch, sondern weggelaufen und der Hund hat sein Leckerchen verpasst.

Der Hund wartet ruhig, dass die Belohnung/Maus erscheint.

Wenn Sie das Leckerchen wegschnipsen, verfolgt es der Hund.

Warte ab!

Bei diesem Spiel geht es um das Hinauszögern der Belohnung. Um es effektiv spielen zu können, muss Ihr Hund clickererfahren sein und wissen, dass die Belohnung nach dem Clickern sicher ist. Das Ziel ist es, die Gabe des Leckerchen zu verzögern, damit der Hund sitzen bleibt und darauf wartet.

Der Hund weiß, dass er ein Leckerchen bekommt, aber er muss ruhig warten,...

...bis er es ins Maul bekommt.

Schritt für Schritt

- Fordern Sie Ihren Hund zum Sitzen auf und belohnen Sie ihn so, wie Sie es immer tun. Das Ziel ist es, ein Sitz-Bleib von fünf Sekunden Dauer zu erhalten, bevor Sie clicken. Belohnen Sie ihn, indem Sie ihm das Leckerchen ins Maul geben.

- Anschließend verlangsamen Sie nach dem Click bei der Leckerchengabe allmählich die Bewegung Ihrer Hand zum Hundemaul.

- Wenn Sie einen Hund haben, der beim Click nach dem Leckerchen springt, starten Sie mit der Belohnung in größerer Entfernung zu ihm. Halten Sie Ihre Hand hoch und bewegen Sie sie zuerst langsam und dann schneller in Richtung auf seine Schnauze. Dies hilft dem Hund dabei zu realisieren, dass er bleiben und warten muss, um das Leckerchen zu bekommen. Wenn Sie damit Erfolg haben, können Sie die Dauer der Belohnungsgabe verlängern, damit er geduldig auf seiner Position warten muss.

- Kann der Hund freudig auf das Futter warten, fordern Sie ihn durch einige aufregende antizipatorische verbale Äußerungen heraus, um Erregung in die Antizipation zu bringen: „Bist Du fertig?“, „Es kommt gleich.“, „Kannst Du noch ein bisschen warten?“

- Um das Spiel noch herausfordernder zu gestalten, lassen Sie das Leckerchen ab und zu fallen, damit der Hund es fängt. Er weiß nicht, ob die Belohnung fällt oder ihm direkt ins Maul gegeben wird; dadurch steigern sich die Erregung, die Antizipation und auch der Fokus.

Die Schwierigkeit steigern

Beherrscht Ihr Hund die Kunst des ruhigen Wartens, bis er freigegeben wird, können Sie die Herausforderung steigern, indem Sie komplexere Verhaltensweisen fordern und dann Ruhe und Dauer steigern. Hierfür braucht der Hund zwei Arten der Selbstkontrolle:

- Kognitive Kontrolle (Fokus und Konzentration)

- Physische Kontrolle (motorische Fähigkeiten)

Dies verlangt hinsichtlich der Körperkontrolle und Hirnleistung viel mehr von ihm als ein einfaches Sitz-Bleib.

Man muss auch an Folgendes denken: Der clicker-sichere Hund hat die Erfahrung gemacht: Click und Belohnung bedeutet, ein Verhalten zu wiederholen. Bleibt der Click aus, muss er etwas anderes versuchen. Diese Art des Lernens kann Probleme verursachen, wenn Sie durch Shaping die Dauer eines Verhaltens verlängern wollen. Ein Beispiel: Sie versuchen, Ihrem Hund das lange Handtarget (s. S. 113) mit dem Clicker beizubringen. Es ist noch leicht, das Handtarget zu bekommen, aber die Dauer hinzuzufügen macht Schwierigkeiten. Dies frustriert beide, den Hund und Sie.

Der Grund ist einfach die Überzeugung des Hundes, er müsse etwas anderes tun. Er gibt sich Mühe, verschiedene Verhaltensweisen anzubieten, während Sie nur wollen, dass er die Berührung Ihrer Hand länger ausdehnt. Sie müssen beim Clickertraining nun einführen, dass das Ausbleiben des Clicks für den Hund zwei Bedeutungen hat:

Versuche etwas anderes ODER **tu das, was Du gerade tust, für längere Zeit.**

Um dies zu erreichen, führen Sie einige leichtere Übungen für die Dauer der Ruhe aus, bevor Sie sich an das Dauer-Handtarget wagen. Ich habe einige Spiele entwickelt, um die Dauer mit Hilfe des Shapings aufzubauen – Müde (siehe unten), Pfotentarget (S. 109) und Kinntarget (S. 110). Zu lernen, Dauer bei Verzögerung des Clicks anzubieten, ist selbst eine Fähigkeit, und das Erlernen von Ruhe oder Stillstand unterstützt dabei.

Müde

Schritt für Schritt

- Um das „Müde“ zu shapen, brauchen Sie als Erstes ein dauerhaftes „Platz“. Fangen Sie damit an, jede Bewegung des Kopfes in irgendeine Richtung zu clicken. Füttern Sie die Belohnung auf dem Boden, zwischen den Pfoten. Die Lokalisierung des Leckerchens wird die Position des Hundes beeinflussen. Er wird auch an dieser Stelle schnüffeln, während er überlegt, was Sie von ihm wollen. Dies führt dazu, dass er „zufällig“ Erfolg hat und Frustration vermieden wird.

- Fahren Sie damit fort, Kopfbewegungen in die richtige Richtung zu clicken und zu belohnen, d.h. den Kopf in Richtung auf den Boden zu bewegen. Arbeiten Sie in kleinen Schritten weiter, bis Ihr Hund verlässlich mit dem Kinn den Boden berührt.

- Nun bauen Sie die Dauer auf, indem Sie den Click hinauszögern, anfangs für eine Sekunde. Vergewissern Sie sich, dass es eine Pause oder Reglosigkeit gibt, in der das Kinn auf dem Boden bleibt, bevor Sie clicken und belohnen. Zögern Sie das Clickern allmählich länger und länger hinaus. Der Schlüssel ist hier Geduld. Der Hund soll deutlich verstehen, dass er in dieser Übung nichts weiter tun muss, als seine Position zu halten.

- Haben Sie einen wedelfreudigen Hund, können Sie, sobald der Hund etwa fünf Sekunden mit dem Kinn ruhig auf dem Boden ruhig liegen kann, versuchen, das Schwanzwedeln „wegzushapen“, bis der ganze Körper – einschließlich Schwanz – bewegungslos ist. Dazu müssen Sie die Rutenbewegungen genau beobachten und jede Änderung des Wedelns clickern, idealerweise eine Verlangsamung gegenüber der normalen Geschwindigkeit. In diesem Stadium ist jede kleinste Veränderung einen Click und eine Belohnung wert. Dann wird das Clicken ein bisschen verzögert und wieder auf noch weniger lebhaftes Wedeln gewartet, bis der Schwanz völlig ruhig liegt.

Beobachten Sie Ihren Hund genau und belohnen Sie nach und nach die Veränderungen, damit er lernt, vollkommen bewegungslos zu liegen.

Pfotentarget

Um das Pfotentarget zu trainieren, benötigen Sie zuerst ein pfotengroßes flaches Objekt. Ich nehme eine zusammengefaltete Plastikschüssel.

Shapen Sie Ihren Hund, bis er gelernt hat, seine Pfote auf das Target zu stellen.

Schritt für Schritt

- Anfangs liegt der Hund und das Target befindet sich dicht vor seiner Pfote. Das erste Kriterium für einen Click und eine Belohnung ist jede Pfotenbewegung in Richtung auf das Target.
- Arbeiten Sie sich schrittweise vor, bis letztlich eine Pfote auf dem Target liegt.
- Dann clicken und belohnen Sie auf dem Target. Füttern Sie mehrere Leckerchen nacheinander, solange die Hundepfote auf dem Target bleibt.
- Um von Neuem zu starten, werfen Sie das Futter nach einem Click weiter weg, damit der Hund anschließend seine Startposition wieder einnehmen kann.

Kinntarget

Das Kinntarget ist eine einfache Methode, um beim Shapen mit dem Clicker die Dauer zu üben. Es ist ein sehr populäres Spiel und kann wirklich nützlich bei bestimmten Manipulationen sein, wie beispielsweise in die Maulhöhle zu schauen und die Zähne zu kontrollieren.

Bevor Sie anfangen, vergewissern Sie sich, dass es dem Hund angenehm ist, wenn Ihre Hand ihn unter dem Kinn berührt. Hat er bereits schlechte Erfahrungen mit Berührungen im Bereich der Schnauze gemacht – beispielsweise, wenn ihm gewaltsam etwas Verbotenes aus dem Maul entfernt wurde –, dann wird er vielleicht eine leichte Aversion gegenüber menschlichen Händen in dieser Region entwickelt haben. In diesem Fall müssen Sie sich beim Training besonders auf die ersten Schritte fokussieren und sehr langsam in Richtung auf das Ziel arbeiten.

Schritt für Schritt

- Für diese Übung verwende ich statt des Clickers das Signalwort „Gut". Ich brauche eine Hand zum Füttern und die andere Hand als Kinntarget; da ist ein Clicker eine Herausforderung.

- Starten Sie, indem Sie Ihren Hund an der Brust kratzen und bestärken Sie seine Akzeptanz. Sind Sie sicher, dass er das Kratzen mag, gleiten Sie sanft mit der Hand von der Brust bis zum Kinn und nehmen die Hand dann zurück. Anfangs sollte dies eine flüssige Bewegung darstellen. Wenn Ihre Hand das Kinn erreicht, markieren Sie mit „Gut" und belohnen.

- Nun verlangsamen Sie die Handbewegung und fangen an, auf dem Kinn zu verharren. Vergessen Sie nicht, jedes Mal zu markieren, die Hand fortzunehmen und zu belohnen.

- Legen Sie Ihre Hand unter das Kinn des Hundes. Sobald Sie sie einige Sekunden dort lassen können, verwenden Sie Ihr Signalwort „Gut" und belohnen. In diesem Stadium sollte sich Ihr Hund viel wohler fühlen und sich auf Ihrer Hand entspannen.

Ist Ihr Hund mit Kontakten im Gesicht vertraut, können Sie diese Schritte ziemlich schnell durchlaufen. Bei jedem Zeichen von Vermeidung wie Wegdrehen des Kopfes oder eine andere Form des Zurückweichens müssen Sie langsam arbeiten und erst zum nächsten Schritt übergehen, wenn der Hund gelernt hat, die Berührung zu akzeptieren.

- Nun versuchen Sie, ob Ihr Hund sein Kinn auf Ihre Hand legt. Halten Sie Ihre Hand dicht unter sein Kinn, ohne es zu berühren. Wenn er seinen Kopf bewegt und Kontakt sucht, markieren und belohnen Sie.

- Sobald Ihr Hund verstanden hat, dass er verstärkt wird, wenn er sein Kinn auf Ihre Hand legt, steigern Sie die Schwierigkeit. Halten Sie Ihre Hand allmählich immer weiter weg, damit er sich mehr anstrengen muss, um sich seine Belohnung zu verdienen.

- Wenn Sie die Dauer dieses Verhaltens trainiert haben, versuchen Sie, die völlige Bewegungslosigkeit einschließlich des Schwanzes, zu shapen (siehe „Müde“, S.107).

Arbeiten Sie schrittweise, bis Ihr Hund Ihnen das Kinntarget anbietet und sich in dieser Position entspannt.

Handtarget

Das Handtarget ist eine großartige Übung, um Dauer beim Üben der Bewegungslosigkeit aufzubauen. Es kann aber schwieriger sein, hierbei die Dauer zu trainieren als beim Kinntarget oder „Müde".

Hierbei müssen Sie Clicker und Belohnung in einer Hand halten und die andere Hand als Target einsetzen. Ich nehme meine Fütterhand, bei mir die linke, als Zielobjekt.

Schritt für Schritt

- Zu Anfang halten Sie Ihre freie Hand vor die Hundenase. Weil es die Fütterhand ist, wird der Hund wahrscheinlich darauf zugehen und schnuppern. Wenn er dies tut, clicken und belohnen Sie und geben auch Leckerchen aus der Targethand, um Interesse und Fokus auf diese Hand zu lenken.

- Einige Hunde möchten ihre Nase nicht gegen Ihre Hand pressen, andere lieben es. Es gibt Hunde, die ihre Nase so hart gegen die Hand pressen, dass sie buchstäblich seitlich plattgedrückt wird, und es gibt Hunde, die es ungemütlich finden. Nach meiner Erfahrung sind viele Jagdhunde nicht glücklich mit dem Nasentarget, obwohl mein Cocker Spaniel Drift es liebt! Achten Sie sorgfältig auf jedes Meideverhalten und weichen Sie gegebenenfalls auf ein Maul-zu-Handtarget statt eines Nase-zu-Handtarget aus, d.h. Ober- und Unterlippe berühren Ihre Hand anstelle der Nase. Die Zähne dürfen dabei nicht beteiligt sein: Wenn Sie Zähne fühlen, stoppen Sie Click und Belohnung.

- Nach fünf oder sechs geglückten Wiederholungen des Handtargets testen Sie den Lernerfolg, indem Sie Ihre Hand etwas weiter weg halten, damit Ihr Hund sich danach strecken muss. Sitzt Ihr Hund nur und starrt, halten Sie Ihre Hand in Position und warten. Einige Hunde brauchen zum Denken ein bisschen mehr Zeit. Versuche, das Verhalten durch Wedeln mit der Hand oder verbale Ermutigung zu beschleunigen, unterbrechen den Denkprozess. Also verhalten Sie sich ruhig und seien Sie still.

- Wenn Sie merken, dass Ihr Hund es verlässlich beherrscht, können Sie Ihre Hand weiter weghalten. In diesem Stadium muss Ihr Clicken sehr präzise sein. Sie müssen den Kontakt/die Berührung markieren (clicken) und nicht das Lösen aus dem Kontakt. Wenn Sie zu spät clicken, werden Sie beim Training des Handtargets Schwierigkeiten bekommen.

Hat Ihr Hund das Verhalten verstanden, erhöhen Sie die Schwierigkeit, indem Sie Ihre Hand etwas weiter weghalten.

Langes Handtarget

Es gibt zwei Wege, um ein langes Handtarget zu lernen:

Drucktargets

Clicken Sie einen sicheren Handkontakt – d.h. wenn Sie einen Stups gegen Ihre Hand fühlen. Sie können den Click zurückhalten und die Dauer einfangen, die natürlicherweise einsetzt, wenn der Druck intensiver wird.

Mehrfache Targets

Verzögern Sie das Clicken und warten auf zwei oder drei wiederholte Targets, bevor Sie das Verhalten belohnen. Das Ziel ist es, die Zeit zwischen den Clicks zu verkürzen, weil der Hund immer schneller werden wird, um nach den Wiederholungen seine Belohnung zu erhalten. Im Laufe der Zeit wird er eher die Position halten als eine Serie von Wiederholungen anbieten.

Für beide Methoden gibt es Pros und Kontras. Besonders die mehrfachen Targets funktionieren mit manchen Hunden, aber mit anderen nicht. Ich habe daher meine eigene Vorgehensweise entwickelt, die beide Methoden kombiniert.

Kombinierte Targetdauer

Schritt für Schritt

- Wenn Sie beispielsweise bereits die lange Bewegungslosigkeit beim Kinntarget trainiert haben, arbeiten Sie fünf Wiederholungen des Kinntargets mit Dauer, dann einen Handtarget. Vergewissern Sie sich, dass die Signale für beide unterschiedlichen Verhalten klar verstanden werden.

- Nach einigen Wiederholungen von fünf Kinntargets und einem Handtarget verzögern Sie das Clicken nach dem Handtarget. Der Hund sollte dann Bewegungslosigkeit anbieten, weil dies in der Sequenz der Verstärkung sehr belohnt wurde.

Es lohnt sich, alle unterschiedlichen Methoden auszuprobieren, um herauszufinden, welche bei Ihnen und Ihrem Hund am besten funktioniert.

Haben Sie die Dauer des Handtargets verlängert, shapen Sie die Bewegungslosigkeit des ganzen Körpers einschließlich des Schwanzes wie beim „Müde" (S. 107) und beim Kinntarget (S. 110).

7 Aufbau der Bindung

Effektives Training und der Aufbau einer Bindung kann nur erreicht werden, wenn Sie beide, Sie und Ihr Hund, in einer positiven Gemütslage sind. Daher ist es wichtig zu verstehen, was bei Ihrem Hund positive – und negative – Gefühle hervorruft.

Nach der These des Neurowissenschaftlers Jaak Panskepp gibt es sowohl bei Menschen als auch bei Tieren sieben Basisemotionen. Seine Erkenntnisse basieren auf seinen Forschungen an Ratten.

Die „großen Sieben“ sind:

1. Erwartung, Vorfreude
2. Wut
3. Angst
4. Sexuelle Erregung
5. Fürsorge
6. Panik, Trauer
7. Spiel

Man kann zwischen positiven und negativen Emotionen unterschieden:

Positiv	**Negativ**
Erwartung, Vorfreude	Wut
Sexuelle Erregung	Angst
Fürsorge	Panik, Trauer
Spiel	

Sehen wir uns die Probleme beim Hundetraining an und wie sie mit den sieben Basisemotionen nach Panksepp zusammenhängen:

1. Erwartung, Vorfreude ist antizipatorisches Verhalten.

2. Wut entspricht Ärger; Frustration führt zu Ärger und Wut.

3. Angst triggert Kampf-Flucht-Reaktionen.

4. Sexuelle Erregung führt zu sozialen Begegnungen mit dem Ziel der Reproduktion und wird oft durch Hormone veranlasst.

5. Fürsorge beinhaltet Sicherheit und Vertrauen und die Beziehung, die wir zu unseren Hunden aufbauen.

6. Panik und Trauer triggern Kampf-Flucht-Reaktionen.

7. Spiel ruft Freude und Glück hervor und kann Bindungen und positive Assoziationen aufbauen.

Die Bindung, die Sie zu Ihrem Hund aufbauen, hängt davon ab, wie Sie ihn führen und formen, indem Sie positive Emotionen fördern und, wann immer möglich, Negativität vermeiden.

Was wir wollen und was der Hund will

Als Schlüssel zu einer guten Beziehung müssen Sie sich darüber im Klaren sein, was Sie als Hundeführer wollen und was der Hund als Hund will. Auf diese Weise können Sie das Lernen so planen, dass Sie beide belohnt werden.

Wir möchten normalerweise Gehorsam und Kontrolle und Hunde wollen einfach Spaß haben. Wie bringen wir beides also zusammen?

In den meisten Fällen wollen Hunde Futter, Aufmerksamkeit, Zuneigung und Spiel. Sie lieben auch instinktive Verhaltensweisen wie etwas festhalten, etwas packen, tragen, jagen, fangen und schnüffeln.

Was Ihr Hund will, ist nicht immer geeignet. Sie müssen daher andere Ziele für sein natürliches instinktives Verhalten finden, um das Entstehen von Frustration zu vermeiden.

Spielen ist eine sehr starke Belohnung, solange wir lernen, es lohnenswert zu gestalten. Manchmal tun wir uns schwer dabei, wie ein Hund zu spielen. Herauszufinden, was Ihren Hund anregt und ihn zum Spielen zu ermutigen (wie in Kapitel 4 beschrieben), ist der Schlüssel für eine tiefe Bindung und ein erfolgreiches Spielen beim Training.

Spielen kann auch eingesetzt werden, um Impulskontrolle zu lernen. Es erregt den Hund, und wenn Sie ihn motivieren, Ruhe, Fokus und Kontrolle anzubieten, um dafür mit Spielen belohnt zu werden, haben Sie ein Werkzeug, um das gewünschte Verhalten zu verstärken. Der Hauptanteil von Selbstkontrolle, Impulskontrolle und Frustrationstoleranz kann durch Spielen und Spiele erlernt werden und bringt für Hund und Hundeführer Spaß ins Training.

Das Lernen der antizipatorischen Ruhe – der Fähigkeit abzuwarten, um sich etwas Gewünschtes zu verdienen – und das Verständnis dafür, dass es Dinge im Leben gibt, die man nicht haben kann, helfen dem Hund, Frustration und Ärger auszuhalten und zu kontrollieren. Diese Fähigkeiten können mit Spielen wie Mäuschen, Mäuschen (s. S. 103), Karate K9 (s. S. 196) und Umschalt-Ninja (s. S. 206), in Verbindung mit den „Lass es“-Aufgaben (s. S. 161) geübt werden.

Warum Beziehungen zerbrechen

Frühe Erfahrungen sind der Schlüssel zu den Assoziationen, die Hunde mit Menschen knüpfen. Ich habe als Trainerin Hunde kennengelernt, die Menschen nicht trauen; sie meiden sie, sind ihnen gegenüber misstrauisch oder werden durch menschliches Verhalten eingeschüchtert. Einige Hunde finden ihre Besitzer stressig, weil sie sich im Training unterdrückt fühlen.

Die Gründe, warum Beziehungen sich verschlechtern oder zerbrechen, sind vielfältig, aber es gibt zwei häufige Ursachen, die daran schuld sind:

Verlassenheit: Sie entziehen Ihre Unterstützung und überlassen den Hund sich selbst.

Frustration und Übererregung: Sie lassen den Hund in einer Gemütlage, in der er sich nicht fokussieren und sein Verhalten nicht ändern kann.

Verlassenheit

Dies tritt auf, wenn der Hund bei Stress oder Angst sich selbst überlassen wird. Man hört oft den Ratschlag: „Lass‘ ihn einfach in Ruhe, er schafft das schon“. Tatsächlich hilft menschliche Unterstützung Hunden, ihre Ängste zu überwinden. Lassen Sie Ihren Hund allein, wenn er nicht zurechtkommt, lernt er nur, nicht zurechtzukommen.

Wenn mein Hund Angst hat, soll er zu mir kommen und nicht vor mir weglaufen. Mein Cocker-Spaniel Drift war ein sehr sensibler Welpe und brauchte auf jedem Schritt seines Wegs Hilfe. Es hat seine Zeit gedauert, aber mit wachsendem Vertrauen kommt er nun, im Alter von zwei Jahren, zu mir gerast. Ein kleines bisschen Bedürftigkeit ist bei einem Hund mit starkem Triebverhalten keine schlechte Sache; die zu selbstbewussten Typen denken, sie könnten alles alleine!

Es ist ein Balanceakt zwischen dem Aufbau von Resilienz und dazusein, wenn er Sie braucht. Dies wurde mir besonders in einer Situation in einer meiner Trainingsgruppen verdeutlicht: Der Hundeführer hatte eine wunderbare, aber sensible Labradorhündin aus einer Arbeitslinie. Er hatte sich gerade als Trainer qualifiziert und lechzte danach, seine neuerworbenen Fähigkeiten zu zeigen und zu versuchen, den Bronzestatus des *Kennel Club Good Citizen* zu erreichen.

Unter normalen Umständen lasse ich nicht zu, dass jemand den Bronzegrad mit einem jungen Hund unter einem Jahr anstrebt. In der zweiten Hälfte des ersten Lebensjahres kann vieles schiefgehen und deshalb landen so viele Hunde in diesem Alter im Tierheim. Aber weil in diesem Fall der Hundeführer Trainer war, habe ich meine Regel gebrochen und der Prüfung zugestimmt, obwohl der Hund erst sechs Monate alt war.

Der Tag der Prüfung kam und der kleine Labrador machte seine Sache wirklich gut. Sie kamen zum letzten Teil: dem Bleib. Dieser Welpe konnte eine Minute verharren, aber es war aus Zeitmangel nie geprüft worden. Der Hundeführer war außergewöhnlich nervös – dies müssen Leute, die an Wettbewerben teilnehmen wollen, immer bedenken. Hunde erfassen die Emotionen ihrer Besitzer; wenn sie eine Änderung im Verhalten bemerken, werden sie gestresst und dies beeinflusst ihre eigene Leistung.

Es gibt Zeiten, in denen Sie innehalten und Ihren Hund unterstützen sollten.

Für die Prüfung des Bleib war den Hundeführern gesagt worden, sie sollten, wenn der Hund seine Position verlässt, zu ihm zurückgehen und die Leine aufnehmen, um die anderen Hunde nicht zu stören.

Während des Bleib fing einer der Hunde an zu bellen und der Labrador geriet in Panik – sie war ihm ins Gesicht geschrieben. Die Kleine stand auf und lief zu ihrem Besitzer. Warum? Weil sie Angst hatte. Sie ging zu ihrem Besitzer, um Hilfe und Unterstützung zu bekommen – das ist normal für Welpen.

Der Besitzer sah wütend aus, nahm die Leine und brachte den Welpen wieder ins Bleib. Unter Druck denken wir Menschen nicht immer geradeaus und treffen unsensible Entscheidungen.

Was, glauben Sie, passierte als Nächstes?

Die kleine Labradordame brach aus dem Bleib aus und bekam ihre „dollen fünf Minuten“; dadurch brachte sie die meisten anderen Hunde dazu, das Bleib abzubrechen. Dieses Rennen in großen Kreisen mit aufgebogenem Rücken und tiefem Hinterteil ist ein Freiwerden von Energie und kann eine positive Reaktion darstellen. Häufiger ist es aber eine negative Reaktion auf eine emotional vorausgegangene herausfordernde Situation. Meine Hunde bekommen ihre dollen fünf Minuten häufig, nachdem sie mit kleinen Welpen interagiert haben, vielleicht weil sie ihnen gegenüber Selbstkontrolle üben und ruhig bleiben mussten.

In der Prüfungssituation hatte der Labrador Angst bekommen, als einer der anderen Hunde anfing zu bellen. Er war in einem emotionalen Zustand aus Angst, Unbehagen und Unsicherheit. Wenn ein Hund in einem negativen emotionalen Status ist, möchte er die Emotion verändern. Hunde lieben es, sich gut zu fühlen. Die Kleine hatte gerade gelernt, dass der Besitzer ihr keine Unterstützung und Führung gewährte – er hatte tatsächlich sehr ärgerlich ausgesehen –, daher hatte sie keine andere Wahl, als das Problem allein zu bewältigen.

Der Prüfer erlaubte der Gruppe, das Bleib noch einmal neu zu starten – auch dem Labrador, der bei diesem Versuch vier Sekunden stillstand. Genau die Zeit, die ich erwartet hatte.

Der Besitzer suchte mich in der folgenden Woche auf, um mir zu erzählen, dass er schreckliche Probleme mit dem Bleib habe. Ich war nicht im geringsten überrascht und riet ihm, das Bleib-Training auszusetzen und an einfachen Aufgaben zu arbeiten, die die kleine Hündin bewältigen konnte.

Was hat der Labrador-Welpe an diesem Tag gelernt?

- Das Bleiben ist unheimlich.

- Menschen helfen mir nicht.

Was hätte stattdessen sein können?

Hätte der Hundeführer beim ersten Abbruch des Bleib die Leine aufgenommen, den Welpen beruhigt und dies bis zum Ende der Übung fortgesetzt, wäre das Ergebnis wahrscheinlich deutlich anders ausgefallen. Wäre dann ein zweiter Versuch zugelassen worden, hätte der Welpe vermutlich das Bleib geschafft.

Manchmal verhindert das sichtbare physische Verhalten, dass wir übersehen, was der Hund fühlt. Emotionen sind mächtig; sie erzeugen Verhaltensweisen, und Änderungen des emotionalen Status ändern das Verhalten.

Es ist nur zu einfach für uns Menschen, Druck auf unsere Hunde auszuüben, damit wir unsere Ziele erreichen. Dies ist oft von Nachteil für den Hund und die Beziehung, die wir zu ihm aufbauen möchten.

Wir leben in einer Welt, in der wir uns selbst antreiben und zielorientiert sein sollen, um Erfolg zu haben. Aber im Hundetraining müssen wir uns eher auf den Weg als auf das Ziel fokussieren. Hunde, besonders Welpen, können nicht mit menschlichem Druck umgehen. Wenn wir sie im Stich lassen – ihre Bedürfnisse ignorieren und sie nicht unterstützen – werden die Ziele, die wir anstreben, unerreichbar.

Frustration und Übererregung

Ein Hund, der überregt ist, kann nicht klar denken. Sein Wunsch, das zu bekommen, was er will, wird überwältigend und wenn er daran gehindert wird, steigern sich Frustration und Ärger. Diese Situation wollen wir um jeden Preis verhindern. Verstehen wir nicht, was vor sich geht und ignorieren den emotionalen Aufruhr des Hundes, können wir die Lage weiter verschlimmern.

Wenn ein Hund etwas „Falsches" tut, bekommt man oft den Rat, man solle es ignorieren und auf das „richtige" Verhalten warten. Ist es sehr wahrscheinlich, dass der Hund sich häufiger richtig verhält als falsch (und daher eine hohe Verstärkungsrate erzielt), kann dies für manche Trainingsprobleme eine sehr effektive Lösung sein.

Als ich beispielsweise einen Wurf Welpen aufgezogen habe, hatten sie mit etwa sieben Wochen gelernt, dass es Essenszeit ist, wenn ich zur Arbeitsfläche in der Küchenecke gehe. Ich wurde nun von den Welpen verfolgt, die an mir hochsprangen und nach Futter winselten. Dies ist ein typisches Verhalten kleiner impulsiver Cocker Spaniels bei Ungeduld. Bei genauer Beobachtung des Verhaltens merkte ich, dass es mitten im Chaos ruhige Momente gab, in denen die Welpen saßen oder mit allen vier Pfoten auf dem Boden standen.

Am nächsten Tag änderte ich meine Routine. Jedes Mal, wenn ich zur Arbeitsfläche ging, habe ich keine Näpfe mehr an übererregte, winselnde Welpen ausgeteilt. Ich blieb stattdessen stehen und belohnte gutes Verhalten – Stehen, Sitzen oder Ruhigsein – mit Futterstückchen. Der Schlüssel war die Wahrnehmung, dass es eine Menge „guten“ Verhaltens gab. Wir neigen nämlich dazu, nur das Negative zu sehen, was uns ärgert, und nicht das ganze Bild. Das Ergebnis? Nach drei Mahlzeiten hatten sich die impulsiven ungeduldigen Welpen in geduldige Hündchen verwandelt, die alle vier Pfoten auf dem Boden ließen und ruhig auf ihr Futter warteten.

Im Gegensatz hierzu gibt es aber auch Situationen, in denen das „falsche“ Verhalten das „richtige“ überwiegt, sodass es nur minimale Gelegenheiten für Verstärkung und längere Perioden ohne Belohnung gibt.

Ein Beispiel: Sie sind in einer Trainingsgruppe und Ihr Hund ist stark abgelenkt. Alles, was er will, ist mit dem Nachbarhund zu interagieren. Sie sind jedoch am anderen Ende der Leine und halten ihn effektiv von der Verstärkung zurück, die er möchte. Sie bieten ihm eine Belohnung (Futter) für den Kontakt zu Ihnen an, aber dies ist für ihn im Vergleich zur Interaktion mit dem anderen Hund viel zu wenig wert.

Das Ergebnis ist eine zunehmende Frustration beim Hund. Schlimmer noch: Seine Frustration ist mit Ihnen assoziiert – Sie halten ihn zurück und verhindern den Zugang zu dem anderen Hund. Zusätzlich stellt die Verstärkung, die Sie ihm anbieten – Fressen – zu diesem Zeitpunkt keinen Anreiz für ihn dar. Bleibt der Hund weiter abgelenkt und frustriert, wird dieser emotionale Zustand mit der Umgebung verknüpft und es wird immer schwieriger, ihn zu ändern.

In solchen Situationen raten viele Trainer, auf höherwertige Verstärker zu wechseln wie Futter, Spielen, Spielzeug usw. – aber manchmal ist nichts gut genug. Der beste Weg ist eine Veränderung der Umgebung, die Sie auf drei Arten erreichen können:

- Entfernen Sie den Hund aus der Situation und arbeiten in einer weniger ablenkenden Umgebung an der Bindung.
- Stellen Sie Barrieren auf, um die visuelle Ablenkung zu beseitigen.
- Schaffen Sie eine sichere Fläche, auf der Sie mit Ihrem Hund ohne Leine arbeiten können, um die Entstehung von Frustration zu vermeiden.

Mit der Zeit können Sie Ihren Hund wieder dem Trainingsgruppen-Szenario aussetzen. Weil Sie nun die Möglichkeit haben, das gewünschte Verhalten – das Fokussieren auf Sie – zu belohnen, wird Ihr Hund es viel wahrscheinlicher öfter zeigen, was wiederum das Tor zu mehr Verstärkungen öffnet.

Manchmal ist es nicht hilfreich, den Hund zu ignorieren, bis er das Richtige tut, manchmal braucht er einfach Hilfe und Führung. Hier sollte der Hundeführer nun mehrere Methoden mischen, beispielsweise geführtes Lernen wie Locken und Belohnen und ungeführtes Lernen wie Shapen. Beide Methoden – und manchmal die Kombination aus beiden – können dazu eingesetzt werden, individuelle Hunde in spezifischen Situationen zu unterstützen.

Hunde, die sehr triebgesteuert sind, besonders Youngster, werden schnell überdreht und brauchen unsere Führung. Wenn Sie einem solchen Hund erlauben, alles selbst zu regeln, wird er frustriert. Dies steigert seinen Erregungszustand weiter und reduziert im Gegenzug seine Fähigkeit zu denken und sich zu konzentrieren.

Wenn Sie an einer Übung wie dem Parken (s. S. 91) arbeiten, können Sie es trainieren, ohne Futter zur Verstärkung des gewünschten Verhaltens zu verwenden. Ignorieren Sie den Hund – Springen, Bellen, Zerren – so lange, bis er sich beruhigt und hinlegt.

Allerdings geben einige Hunde nicht auf, sondern werden zunehmend frustriert und verwirrt. Dies gilt besonders für Arbeitshunde, die für harte Arbeit genetisch selektiert wurden und nicht leicht aufgeben. Als „positiver" Trainer fühle ich mich immer sehr unwohl, wenn ich zum Beobachten und Warten gezwungen bin und die Erfahrungen des Hundes auf emotionaler Ebene dabei alles andere als positiv sind. Daher würde ich in dieser Situation ruhig, still und langsam sensibles Verhalten belohnen. Es hält den Hund eine Weile in einem antizipatorischen Status, aber ich weiß zumindest, dass der Weg bis zum Ziel emotional positiv ist, was seine Motivation steigert, dieses Verhalten in Zukunft zu zeigen.

Es gab Zeiten, in denen ich einen Hund „parken" wollte, er aber durch seine Umgebung so stimuliert war, dass er sich nicht entspannen und ablegen konnte. Stattdessen bot er mir eine antizipatorische Ruhe an – andauernder Fokus im Sitzen –, die ich belohnte. Es war zwar nicht exakt das Verhalten, das ich wollte, aber ich konnte damit leben, weil es ein angemessenes Verhalten für die Situation war (Kontrolle der Erregung).

Wir sehen hieran, dass Flexibilität im Training und das Schaffen von Gelegenheiten zur Verstärkung gewünschten Verhaltens – auch wenn es nicht perfekt ist – Sie Ihrem Ziel näher bringen können.

Emotional unterstützen

Bei der Haltung Ihres Hundes geht es nicht nur darum, ihn zu füttern, zu bewegen und ihm ein Dach über dem Kopf zu geben. Wir müssen Hunde auch unterstützen, damit sie lernen und die Unabhängkeit entwickeln, ihr eigenes Verhalten zu kontrollieren. Es gibt viele Situationen, in denen Ihr Hund sich nicht allein helfen kann. Aber Sie können einschreiten, um ihn zu unterstützen und ihm die Chance geben, Resilienz, Vertrauen und Impulskontrolle aufzubauen.

Wir züchten Arbeitshunde auf Antrieb, Motivation und hohe Erregbarkeit – all dies ist leicht zu triggern. Manchmal haben junge oder unreife Hunde keinerlei Fähigkeit, von diesen Höhen wieder herunterzukommen, wenn sie durchdrehen. Sie brauchen Unterstützung, Führung und Hilfe.

Bei Resilienz geht es darum, die Toleranz eines Hundes aufzubauen, wenn er mit neuen, fremden und manchmal beängstigenden Situationen konfrontiert wird. Der Schlüssel ist, aus Situationen zurückzukehren. Sie können sich noch so viel Mühe geben, Ihren Welpen zu sozialisieren – es wird immer Situationen geben, die ihn erschrecken oder beunruhigen. Er muss daher über die Fähigkeit verfügen, sich so zu erholen, dass die negativen Erfahrungen ihn nicht belasten.

Es gibt viele Hunde, die vor Feuerwerk Angst haben, obwohl ihre Besitzer unermüdlich daran gearbeitet haben, um sie zu desensibilisieren. Der Grund ist oft, dass der Hund durch ein lautes unerwartetes Feuerwerk erschreckt wird und sich aufgrund begrenzter Erfahrungen nicht davon erholen kann.

Wenn ich Welpen aufziehe, setze ich sie vielen Geräuschen aus, die ihre Aufmerksamkeit erregen. Dann spielen wir; ich lobe dabei viel mit einer glücklichen positiven Stimme und verknüpfe auf diese Weise etwas Beunruhigendes mit Spiel und Spaß.

Manche Leute fürchten, die Angst zu verstärken, und ignorieren den Hund daher. Unterstützung fördert aber das Vertrauen, das der Hund braucht, um sich in der Welt sicher zu fühlen.

Der Labradorwelpe (s. S. 119) hätte mehr Vertrauen gehabt, wenn der Besitzer ihn unterstützt hätte und ihm geholfen hätte, die Krise zu überwinden. Stellen Sie sich Ihre Unterstützung als Locken und Belohnen vor. Sie ist ein Gerüst, dass Sie entfernen können, wenn das Vertrauen wächst.

Alle Spiele in diesem Buch dienen dem Erlernen von Impulskontrolle. Dieses Training lehrt Ihren Hund, Frustration zu ertragen, die Belohnung hinauszuzögern, innezuhalten und nachzudenken, Aufregung und Antizipation zu kontrollieren und ruhig zu sein.

Spiele zur Förderung der Bindung

Beim Aufbau der Bindung geht es in erster Linie darum, Spaß mit Ihrem Hund zu haben! Bei den folgenden Spielen kann Ihr Hund sein Gehirn einsetzen, um in Aktivitäten zu schwelgen, die er liebt – und er wird noch für seine Anstrengungen belohnt!

Zusammenzuarbeiten, wenn Sie beide in einer positiven Stimmung sind, ist eine große Freude; es schafft stimulierende Bedingungen, die das Lernen erleichtern und zum Aufbau der so wichtigen Bindung zwischen Ihnen beiträgt.

Zwangloses Apportieren

Bei diesem Spiel wird das Apportieren als Belohnung im Training eingesetzt. Der Hund hat den Nervenkitzel, ein Spielzeug zu jagen – ein instinktives Verhalten, das er genießt. Dabei verknüpft er es mit Kontrolle, weil er die Spielregeln einhalten muss. Darüber hinaus lernt er, ein Objekt freiwillig abzugeben, so dass jeglicher Tendenz zum Stehlen und Bewachen von Ressourcen entgegengewirkt wird.

Bevor Sie anfangen, müssen Sie verstanden haben, welchen taktilen Kontakt Ihr Hund liebt und welchen nicht, weil dies eine wichtige Rolle für den Erfolg der Aktivität spielt.

Schritt für Schritt

- Zu Anfang ermutigen Sie Ihren Hund, mit einem Spielzeug zu spielen. Sträubt er sich, müssen Sie kreativ werden. Wenn er Interesse am Spielzeug zeigt, werfen Sie es.

- Erlauben Sie dem Hund, hinterherzurennen und das Spielzeug aufzunehmen; dann locken Sie ihn zu sich, indem Sie ihn mittels unbedrohlicher Körpersprache einladen (hinknieen, Rücken gerade, Arme geöffnet).

- Sobald er bei Ihnen ist, belohnen Sie ihn mit körperlichem und verbalem Lob. Versuchen Sie nicht, ihm das Spielzeug abzunehmen. Er darf es weiter halten, während Sie ihn knuddeln.

- Irgendwann wird der Hund das Spielzeug fallenlassen. Dann nehmen Sie es und werfen es wieder. Die Fortsetzung des Spiels wirkt als Verstärkung, weil der Hund das Spielzeug wieder jagen darf. Sie können es mit einem Leckerchen belohnen, wenn der Hund das Spielzeug fallenlässt. Aber dies ist nicht meine bevorzugte Methode, weil das Futter vielleicht wertvoller für ihn ist als das Spielzeug und er die Lust daran verliert.

- Hat der Hund das Spielzeug nicht fallengelassen, aber macht einen entspannten Eindruck, können Sie es anfassen und ihn bitten „Lass aus“. Wenn er loslässt, geben Sie ein verbales Feedback, beispielsweise „Danke“. Wenn er nicht loslässt, ziehen Sie ein Leckerchen aus der Tasche und tauschen.

- Spielen Sie das Apportierspiel nicht so lange, bis Ihr Hund das Interesse verliert und gelangweilt wird. Sie müssen aufhören, bevor dies passiert.

Widerwillige Apportierer

Mit Hunden, die Ihnen das Spielzeug nicht zurückbringen oder nicht loslassen, spielen Sie das Spiel mit zwei Objekten. Sie sollten den gleichen Wert haben und im Idealfall identisch sein.

Die am besten geeigneten Spielzeuge sind entweder ein langes Tau, ein großer Teddy oder irgendetwas an einem Seil, beispielsweise ein Ball oder Kong. Der Grund hierfür ist, dass der Hund es als Eindringen in seinen persönlichen Freiraum empfinden kann, wenn Sie versuchen, ihm ein kleineres Objekt wie einen Tennisball aus dem Maul zu nehmen. Hierdurch wächst sein Widerstand gegen das Abgeben. Wenn Sie dagegen mit einem großen Spielzeug, einem Tau oder einem Ball am Seil spielen, können Sie es nehmen, ohne zu invasiv zu sein.

Schritt für Schritt

- Sie müssen sich mit dem Hund auf einer Ebene befinden, also knieen Sie sich hin oder setzen sich auf den Boden. Fällt Ihnen das schwer, setzen Sie sich auf einen niedrigen Stuhl.

- Sie sind mit zwei Spielzeugen ausgerüstet, also verstecken Sie eines hinter Ihrem Rücken. Dann erregen Sie die Aufmerksamkeit Ihres Hundes und werfen das andere Spielzeug.

- Ermutigen Sie Ihren Hund, zu Ihnen zu kommen. Hat er sich Ihnen mit dem Spielzeug im Maul so weit genähert, wie es ihm angenehm ist, markieren Sie es. Ich verwende hierbei den verbalen Marker „Gut".

- Nun werfen Sie das andere Spielzeug. Es darf nicht erscheinen, bevor Sie Ihren verbalen Marker verwendet haben. Wenn der Hund das erste Spielzeug fallenlässt und dem gerade geworfenen hinterherläuft, nehmen Sie das erste Spielzeug und verstecken es hinter Ihrem Rücken.

- Ermutigen Sie den Hund, zu Ihnen zu kommen und wiederholen den Tausch.

Betrachtet der Hund das Spielzeug als sein Eigentum, arbeiten Sie mit zwei gleichwertigen Spielzeugen.

Wenn Ihr Hund das erste Spielzeug zurückbringt, bereiten Sie sich darauf vor, es als Belohnung für das Loslassen gegen das zweite Spielzeug zu tauschen.

- Markieren Sie das Verhalten nur, wenn Ihnen der Hund jedes Mal beim Zurückbringen des Spielzeugs ein bisschen näherkommt.

- Setzen Sie das Spiel so lange fort, bis er das Spielzeug freudig bis zu Ihnen bringt, bis Sie eine Hand auf das Objekt legen können und bis er es Ihnen in die Hand gibt. Das wird eine Weile dauern, aber schreiten Sie sehr langsam voran, damit Sie kontinuierlich das gewünschte Verhalten verstärken können.

Zerrspiel

Dieses Spiel ruft oft Diskussionen hervor und es gibt Meinungsverschiedenheiten darüber, wie man es spielen sollte und sogar ob überhaupt. Es gibt drei Grundhaltungen gegenüber Zerrspielen, die ich Ihnen nicht vorenthalten möchte:

„Spielen Sie keine Zerrspiele, weil es Ihren Hund aggressiv machen kann."

Dies suggeriert, dass Zerren ein Beutespiel ist und Ihren Hund aggressiv machen kann.

Es besteht kein Zweifel, dass Zerren ein Beutespiel ist. Jedoch sind alle „Spiele", die Ihr Hund spielt, Beutespiele und Bestandteil der Verhaltenskette, die beim Beutemachen abläuft. Jagen ist ein Beutespiel, Fangen ist ein Beutespiel, Apportieren ist ein Beutespiel, Zerren ist ein Beutespiel und die Füllung aus Spielzeug und Betten zu ziehen ist ein Beutespiel. Schnüffeln ist das Suchen nach Gelegenheiten für ein Beutespiel.

Der Ablauf der Verhaltenskette beim Beutemachen ist folgender:

Auge → Verfolgen → Jagen → Beute packen → Beute töten → Beute zerlegen → Fressen

Und beim Spielen:

- Hinterherrennen ist Jagen

- Apportieren ist Beute packen

- Zerren und Schütteln ist Töten
- Teddies zerreißen ist Zerlegen.

Wenn Ihr Hund den natürlichen Wunsch hat, Zerrspiele zu spielen, wird er Gelegenheiten dafür finden, und diese sind wahrscheinlich ungeeignet und unerwünscht. Beispielsweise ist das Beißen in die Leine ein Zerrspiel, das Stehlen des Geschirrtuchs ist ein Zerrspiel, Ihnen oder Ihren Kindern an den Hosenbeinen zu hängen ist ein Zerrspiel. Ich ziehe es vor, meinem Hund eine geeignete und kontrollierte Gelegenheit für diese Aktivitäten zu geben.

„Es ist in Ordnung, Zerrspiele zu spielen, aber Sie müssen „gewinnen", um zu zeigen, dass Sie dominant/der Rudelführer sind."

Erstens zeigen uns moderne Denkweisen und Forschungsergebnisse, dass Hunde nicht versuchen, unser Leben zu kontrollieren, uns zu dominieren oder die Weltherrschaft zu übernehmen.

Zweitens, wenn Sie eine Aktivität oder einen Sport aufnehmen und immer verlieren, was würden Sie tun? Sehr wahrscheinlich aufgeben und etwas anderes tun! Wenn Sie alle oder die meisten Spiele gewinnen, wird Ihr Hund vermutlich beschließen, dass es keinen Spaß macht, mit Ihnen zu spielen und damit aufhören. Er wird weggehen und nicht mehr mit Ihnen spielen wollen. Im Gegensatz hierzu können Sie Ihrem Hund beibringen, dass das Spielen mit Menschen ein Wettbewerb ist, der ihn zu rauen, anspruchsvollen Reaktionen ermutigt.

„Es macht Spaß, mit Ihrem Hund ein Zerrspiel zu spielen, weil es ein Teamspiel ist, das zwei Spieler benötigt. Daher ist es großartig, um die Bindung aufzubauen und in Kontakt zu sein."

Wenn Sie Hunde beobachten, die miteinander Zerrspiele spielen, werden Sie viele Variationen sehen, wer gewinnt und wer verliert. Es geht den Hunden eher darum, Spaß zu haben, als um das Spielzeug zu kämpfen. Zerrspiele funktionieren nur, wenn jemand das andere Ende festhält. Wenn ein Hund alleine spielt, gibt er nur soviel, wie er selbst tun kann, um Spaß zu haben. In dem Moment, in dem er einen Partner hat, wird das Zerren zu einem großartigen interaktiven Spiel. Wenn Sie der Partner sind, steigt Ihr Wert schlagartig an, weil Sie das Spiel bieten. Das Spiel macht nur Spaß, wenn Sie beteiligt sind, daher ist es brilliant für den Aufbau der Bindung.

Bauen Sie eine Beziehung mit interaktivem Spiel auf, wird der Hund sich entscheiden, mit Ihnen zu spielen. Wenn Sie das Spielzeug loslassen und ihn gewinnen lassen, erwarte ich, dass er Sie empört anschaut und Ihnen das Spielzeug zurück auf Ihr Knie oder Ihre Hand legt, damit Sie es erneut greifen können. Dies ist ein gutes Zeichen dafür, dass Sie das Zerren richtig spielen und eine gute Beziehung zu Ihrem Hund haben. Manche Hunde sind laut beim Zerrspielen und man kann ein paar Knurrer hören. Das ist nichts Besorgniserregendes, weil manche Hunde einfach lauter sind als andere.

Eine vierte Perspektive

Meiner Meinung nach ist das einzige Gegenargument gegen Zerrspiele die beabsichtigte Ausbildung Ihres Hundes zu einem arbeitenden Jagdhund, der Wild apportiert.

In diesem Fall ist es Ihre persönliche Sache, zu entscheiden, ob die Leistung Ihres Hundes im Revier durch Zerrspiele beeinflusst wird oder nicht. Betroffen ist hier weniger das Auslassen des Wildes als vielmehr das Aufnehmen.

Ein arbeitender Jagdhund sollte die Beute ohne Beschädigung oder Verletzung aufnehmen. Wenn der Hund spielerisch gezerrt, geschüttelt und gerissen hat, mag er in dieser Situation vielleicht gleich zum nächsten Schritt in der Beute-Verhaltenskette überspringen: die Beute greifen und dann töten.

Aus diesem Grund spiele ich mit meinen arbeitenden Jagdhunden keine Zerrspiele. Ihnen zu erlauben, die Verstärkung dieses Verhaltens zu erfahren und zu lernen, könnte den Job, den sie lieben, beeinträchtigen. Wir spielen stattdessen eine Menge anderer Spiele.

Wertsteigerung

Wenn ein Hund leichten Zugang zu einem Spielzeug hat, weil es herumliegt, verliert es schnell seine Attraktivität. Wenn ich beispielsweise meinen Hunden frische Markknochen gebe, ist die Empfindung beim ersten Mal am intensivsten. Sie werden ihre Knochen bewachen, wenn ihnen ein anderer Hund zu nahe kommt. Trotzdem haben sie nach einigen Stunden keine Lust mehr, darauf herumzukauen, und die Knochen haben den Reiz des Neuen verloren.

Ein Trainingsspielzeug anzubieten sollte immer einen magischen Effekt haben. Die Tatsache, dass der Hund nur einen begrenzten Zugang dazu hat, steigert seinen Wert – und den Wunsch des Hundes, dafür zu arbeiten. Deshalb verwende ich meine Zerrobjekte ausschließlich als Trainingsspielzeug.

Schritt für Schritt

- Um Zerrspiele zu spielen, müssen Sie einen „Start" und ein „Ende" ins Spiel einführen, damit der Hund weiß, wann er das Spielzeug nehmen darf und wann er es loslassen muss.

- Dies bringt Struktur ins Spiel, sorgt für die Sicherheit aller und dafür, dass das Zerrspiel das ist, was Sie möchten: ein sicheres und lustiges Spiel für Hund und Hundeführer.

- Geben Sie ein „Nimm es"-Signal und ermutigen Sie den Hund, das Spielzeug zu fangen. Halten Sie es tief über dem Boden, damit der Hund nicht in die Luft springt und sich vielleicht ein Gelenk verletzt oder dem Risiko aussetzt, sich bei starken Kurven einen Muskel zu überdehnen oder eine Verstauchung zuzuziehen.

- Bewegen Sie das Spielzeug so, als wäre es eine Schlange auf dem Boden – achten Sie darauf, beim Bewegen des Spielzeugs sehr aktiv zu sein.

- Lassen Sie Ihren Hund während der ersten Male oft gewinnen, um seine Motivation zum Spielen aufrechtzuerhalten.

- Damit der Hund loslässt, bringen Sie das Spielzeug nah an Ihren Körper und halten es sehr ruhig. Warten Sie ruhig ab, bis der Hund sich entscheidet, das Spielzeug loszulassen.

- Sobald er loslässt, markieren Sie seine Entscheidung mit einem verbalen Marker – „Gut" – und fangen das Spiel von vorne an.
- Der Hund lernt, dass er Sie durch sein Loslassen dazu bringt, weiterzuspielen; er fühlt sich wohl und ist wegen des Spiels aufgeregt.
- Überlässt der Hund Ihnen freudig das Spielzeug, können Sie ein verbales Loslass-Signal einführen, beispielsweise „Danke", „Lass los", „Fallenlassen" oder „Aus".
- Am Ende der Spielsitzung können Sie das Spielzeug gegen eine Futterbelohnung tauschen. Das ist nicht immer notwendig, aber bei Hunden mit einer geringen Frustrationstoleranz kann es verhindern, dass die Abbruchsignale des Spiels Frustration auslösen.

Zerrspiele ermutigen den Hund, das Spielzeug fest zu packen.

Wenn der Hund loslassen soll, entspannen Sie Ihren Griff und halten das Spielzeug sehr ruhig.

Einen Hund zu trainieren, sein Spielzeug auf Kommando loszulassen, ist eine gute Möglichkeit, ihn zur Kooperation in allen Bereichen des Lebens zu bringen. Es kann sehr nützlich sein, wenn er etwas Unerwünschtes oder potenziell Gefährliches aufgenommen hat.

Probleme können bei diesem Vorgehen entstehen, wenn Sie einen größeren und stärkeren Hund besitzen und nicht ruhig gegenhalten können, während er noch im Besitz des Spielzeugs ist. Beispielsweise könnte ich mit einem sieben Monate alten Rottweiler, der sein Spielzeug behalten möchte, nicht so vorgehen.

Haben Sie ein solches Problem oder ist Ihr Hund sehr besitzergreifend und Sie müssen kämpfen, damit er loslässt, empfehle ich Ihnen, sich praktische Unterstützung von einem Hundetrainer zu holen. Alle Hunde sind verschieden und möglicherweise muss das Training modifiziert werden, um das Problem zu lösen.

8 Mit Ablenkungen umgehen

Wenn Sie einen Hund trainieren und möchten, dass er sich in alltäglichen Situationen gut benimmt und selbst kontrolliert, brauchen Sie seinen Fokus. Für einen Hund ist die Welt voller lohnenswerter und verstärkender Ablenkungen. Sie müssen also einen Weg finden, wie *Sie* zum Zentrum seines Universums werden und die Konzentration auf *Sie* zur lohnendsten Option wird.

Mit Ablenkungen umgehen zu können, ist für Ihre Trainingsstrategie von fundamentaler Bedeutung. Bevor wir an Problemlösungen arbeiten können, müssen wir aber zunächst die Natur der Ablenkungen verstehen.

Es gibt zwei Arten von Ablenkung: externe (extrinsische) Ablenkungen, die Faktoren außerhalb des Individuums betreffen, und interne (intrinsische) Ablenkungen, die aus dem Inneren des Hundes kommen.

Extern (extrinsisch)

Dies sind Faktoren außerhalb des Individuums, d.h. in der Umgebung, wie folgende:

- Visuelle Ablenkungen: Andere Hunde, Menschen, Tiere (besonders Vögel), Auto, Radfahrer, Müll, Blätter usw. Auch Sie selbst sind eine Ablenkung, wenn Sie sich bewegen, einschließlich Veränderungen Ihrer Körpersprache.

- Akustische Ablenkungen: Bellende Hunde, laute Geräusche wie Druckluftbremsen, Feuerwerk, Schüsse, aber auch Unterhaltungen zwischen Hundeführern.

- Olfaktorische Ablenkungen: Der Geruch anderer Hunde, einschließlich läufiger Hündinnen, plus andere Tiere.

Intern (intrinsisch)

Diese Faktoren kommen aus dem Inneren des Individuums und beziehen sich auf emotionale Zustände wie Aufregung, Angst, Ärger oder Frustration. Sie basieren auf vorherigen Erfahrungen und angeborenen Reaktionen, die durch die Umgebung getriggert werden.

Zu Beginn konzentriere ich mich auf externe Ablenkungen mit Spielen zur Selbstkontrolle und gehe dann zu internen Ablenkungen über.

Externe Ablenkungen

Es gibt externe Faktoren, die impulsives Verhalten triggern. Sie teilen sich in drei Kategorien auf:

Fressen: Dem Drang nachgeben, irgendetwas Essbares zu sich zu nehmen (das Fressen von Kot ist unerfreulich, kommt aber häufig vor.)

Beute: getriggert durch einen Geruch oder die Bewegung eines optischen Reizes. Dieses Verhalten kann instinktiv sein, wenn der Hund durch einen bestimmten Geruch oder eine schnelle Bewegung natürlich erregt wird. Oder es ist erlernt als Ergebnis des Kontaktes mit diesen Stimuli und dem Wissen, dass sie eine Gelegenheit zum Jagen oder Fangen darstellen.

Soziales: Dies umfasst andere Hunde oder Menschen. Die Rasse und Genetik des Hundes beeinflussen sein Verlangen und sein Interesse hieran.

Bindungsspiele (s.S.125) unterstützen Sie dabei, mit diesen Formen der Ablenkung in der Umgebung umzugehen. Durch die Spiele soll der Hund lernen, dass *Sie* eine Quelle für Verstärkungen sind und er sich auf die jeweilige Aktivität fokussieren muss, um sich seine Belohnung zu verdienen.

Ein häufiger Fehler ist es, den Hund von der Leine zu lassen und ihm zu erlauben, die Umgebung mit ihren vielen wundervollen Verstärkern zu erforschen. Durch Wiederholungen lernt er, dass die Routine von Freilauf darin besteht, dass der Besitzer die Leine löst und ihm erlaubt, frei in der Umgebung nach Gelegenheiten zur Verstärkung zu suchen. Diese Aktivität erfordert, dass der Hund sich auf seine Umgebung konzentriert und den Besitzer herausfiltert, der für ihn jetzt nur noch eine Ablenkung darstellt. Der Schlüssel ist also der Aufbau einer Verbindung zwischen Ihnen und dem Hund auch ohne Leine. Er lernt, sich auf die Aktivitäten zu fokussieren, die Sie ihm in diesem Umfeld beigebracht

Die Umgebung bietet unendlich viele Gelegenheiten für Verstärkung, die der Hund kennenlernen möchte.

haben – im Gegensatz dazu, seinen eigenen Aktivitäten nachzugehen, weil er sich selbst überlassen wurde.

Beispielsweise kann ich meine Hunde auf einem Feld mit Schafen zum Stöbern in eine Hecke schicken. Sie haben dann kein Interesse an den Schafen, weil sie einen wichtigen Job haben. Sie nehmen die Schafe wahr, aber ich habe ihnen beigebracht, dass die Verstärkung aus dem Jagdgebiet kommt, in das ich sie geschickt habe. So sind die Schafe nur ein Bestandteil der Szenerie und kein Anlass für Interaktionen. Ich habe keinen Zweifel daran, dass meine Hunde sehr schnell gelernt hätten, Schafe zu jagen, wenn ich sie als Youngster frei auf einem Feld mit Schafen laufen gelassen hätte. Denken Sie daran: Wenn Sie Ihrem Hund draußen keine belohnenden Dinge bieten, wird er seine eigenen Verstärker finden und ich kann Ihnen garantieren, dass diese Dinge ohne Ihre Führung ungeeignet und manchmal gefährlich sind.

Einfangen und belohnen

Investieren Sie in die „Bank“ der Bindung! Seien Sie proaktiv und aufmerksam: Jedes Mal, wenn Sie ein wünschenswertes Verhalten sehen, fangen Sie es ein und belohnen es. Sie können einen verbalen Marker wie „Gut“ oder „Ja“ verwenden, um den Moment einzufangen und mit Futter, Aufmerksamkeit, Zuwendung oder Spielen zu belohnen.

Draußen zeigt Ihr Hund während der normalen Routinen oft folgende Verhaltensweisen, die Sie markieren und belohnen können:

- Sie abchecken
- Ihnen folgen
- Mit Ihnen in die gleiche Richtung abbiegen
- Mit Ihnen anhalten

Markieren Sie den Moment, in dem Ihr Hund der Versuchung widersteht und sich abwendet, um Sie anzuschauen.

- Zu einer Ablenkung blicken, damit aufhören und zu Ihnen zurückschauen
- Mit Ihnen weggehen
- Sitzen
- Sich nach Ihnen umsehen

Die Liste ist endlos. Wenn Sie ein Verhalten mögen, markieren Sie es – oder Sie werden es verlieren! Um die guten Verhaltensweise zu fördern, sehen Sie sich die folgenden Spiele an, die Ihnen helfen werden, sich mit Ihrem Hund zu verbinden.

Spiele für die Bindung

Ich habe eine Reihe von Spielen entwickelt, die Ihnen dabei helfen sollen, eine Verbindung zu Ihrem Hund herzustellen, damit er lernt, sich auf Sie zu fokussieren. Sie bieten Ihrem Hund geeignete Gelegenheiten, natürliches, erfreuliches Verhalten zu zeigen und unterstützen ihn dabei, Ablenkungen zu ignorieren.

Ohne Leine verbunden bleiben

Zuerst müssen wir dem Hund beibringen: Ableinen bedeutet nicht, dass er loslaufen und sein eigenes Ding machen kann. Das Ziel ist, dass er mit Ihnen in Verbindung bleibt.

Schritt für Schritt

- Leinen Sie den Hund ab und geben ihm nacheinander zehn Leckerchen dafür, dass er sitzt und bei Ihnen bleibt. Dann leinen Sie ihn wieder an. Es ist leichter, dies zuhause zu üben, bevor Sie in eine ablenkungsreiche Umgebung gehen.
- Nach vielen Wiederholungen hat der Hund gelernt, nicht loszurasen, sobald Sie die Leine lösen. Bei dieser Übung sage ich nichts Spezifisches zum Hund und fordere ihn nicht zu irgendetwas auf. Der Grund ist, dass das Leinelösen letztlich ein Warten ohne einen anderen Hinweis triggert.

Die Leine auf diese Art und Weise zu lösen ist ein sogenanntes Umgebungssignal: Man bezeichnet damit etwas in der Umgebung, das das gewünschte Verhalten triggert. Beispielsweise ist bei mir zuhause das Öffnen des Kühlschranks ein Signal für alle Hunde, mich am Kühlschrank zu treffen! Wir können so im Training Umgebungssignale durch Wiederholung schaffen. Das ist, was passiert, wenn wir das Leinelösen mit einem Sitz verknüpfen. Schließlich triggert das Entfernen der Leine ein Sitz-Bleib – ohne dass Sie irgendetwas sagen müssen – der Hund hat sein Signal aus der Umgebung erhalten.

Der Hund sollte das Ableinen nicht als Signal verstehen, seiner eigenen Tagesordnung zu folgen.

Fangen spielen

Viele Halter vertrauen ihrem Hund nicht genug, um ihn von der Leine zu lassen. Sie befürchten, dass er weglaufen und zu Schaden kommen könnte, auf eine Straße rennen oder verloren gehen könnte. Wenn sie ihren Hund frei laufen lassen, sind sie voller Bedenken, was alles passieren könnte. Dies lässt sich im Allgemeinen sehr deutlich an ihrer Körpersprache und an der Art ablesen, wie sie ihrem Hund folgen: Der Hund bestimmt den Weg und der Besitzer geht hinterher.

Um auch ohne Leine eine gute Kontrolle und Bindung zu etablieren, müssen Sie Ihrem Verhalten und Ihrer Körpersprache vertrauen. Wenn Sie Ihrem Hund immer folgen und ihm konstant ein verbales Feedback geben, wie ihn zu rufen und auffordern, etwas zu lassen, muss er sich nicht darauf konzentrieren, wo Sie sind oder was Sie tun. Er weiß, dass Sie immer da sind und fühlt sich sicher genug, um Sie zu ignorieren und seinen eigenen Plänen nachzugehen. Das folgende Spiel bringt eine Wende und lehrt den Hund, ein Auge auf Sie zu haben und in Verbindung zu bleiben.

Schritt für Schritt

- Bevor Sie starten, rüsten Sie sich selbst mit leckerem Futter und einem Clicker aus. Für dieses Spiel müssen die Belohnungen groß sein, damit sie gut erkennbar und leicht zu werfen sind – Käsewürfel sind ideal.

- Anfangs sollte der Boden eben oder kurzes Gras sein, damit die Belohnungen gut sichtbar sind. Sie sollen nicht in langem Gras verschwinden.

- Wenn Sie sich zu unsicher fühlen, um Ihren Hund abzuleinen, empfehle ich Ihnen eine lange Trainingsleine. Zur Sicherheit sollte diese in Verbindung mit einem Geschirr verwendet werden.

- Lassen Sie ein paar Käsestücke auf den Boden fallen. Möchten Sie ohne Leine arbeiten, lösen Sie die Leine, wenn Sie die Leckerchen fallenlassen. Möchten Sie mit einer langen Leine arbeiten, tauschen Sie jetzt die normale mit der langen Leine.

- Während der Hund die Leckerchen frisst, gehen Sie sicher und zügig weg. Das Ziel ist es, sich soweit wie möglich von Ihrem Hund zu entfernen.

- Wenn er fertig ist und den Kopf hebt, wird er bemerken, dass Sie fortgehen und in Ihre Richtung rennen, um Sie einzuholen.

Hat der Hund Sie eingeholt, markieren Sie sein Verhalten mit dem Clicker und zeigen ihm einen Käsewürfel. Vergewissern Sie sich, dass das Futter in seiner Augenlinie ist und werfen Sie es dann direkt vor ihn, sodass er sieht, wie es Ihre Hand verlässt und auf dem Boden landet. Achten Sie hierbei auf jedes Detail, sonst wird Ihr Hund das Futter in Ihrer Hand nicht erkennen und es nicht verfolgen, wenn Sie es werfen.

- Werfen Sie bei den ersten Versuchen das Futter nicht zu weit weg, damit der Hund es nicht verpasst.

- Erblickt er die Belohnung auf dem Boden und geht dorthin, um sie zu fressen, gehen Sie wieder zügig, aber ruhig, weg. Wenn der Hund Sie einholt, wiederholen Sie die Übung, indem Sie das Einholen clickern und den Käse als Belohnung in seine Blickrichtung werfen.

- Hat Ihr Hund die Spielregeln verstanden, können Sie damit anfangen, den Käse weiter und schneller zu werfen. Wenn Sie jemals Steine über das Wasser haben springen sehen, ist Ihr Ziel, den Käse in ähnlicher Weise über den Boden hüpfen zu lassen.

- Wenn Sie das Spiel drei oder vier Mal erfolgreich gespielt haben, versuchen Sie es in längerem Gras und anderen Umgebungen mit etwas mehr Ablenkung.

- Um das Spiel zu beenden, rufen Sie Ihren Hund zu sich und lassen einige Leckerchen vor sich auf den Boden fallen. Während er frisst, befestigen Sie die Leine wieder.

Dieses Spiel macht dem Hund viel Spaß. Er verdient sich nicht nur seine Käsebelohnung, sondern hat auch Gelegenheit, erfreulichen Verhaltensweisen wie Rennen, Jagen, Fangen, Suchen und Finden zu frönen. Diese Beschäftigungen liebt er natürlicherweise und er lernt auch, dass sie passieren, wenn er nicht angeleint ist – mit Ihnen. Es ermutigt ihn, Sie im Auge zu behalten und mit Ihnen verbunden zu bleiben, wenn er frei laufen darf.

Zeigen Sie Ihrem Hund, dass Sie ihm leckere Belohnungen zu bieten haben.

Werfen Sie ein Leckerchen in seine Augenlinie und erlauben Sie ihm, es zu holen.

Wenn er damit beschäftigt ist die Belohnung zu finden, vergrößern Sie die Distanz, damit er läuft, um Sie einzuholen – und machen mit dem Leckerchen-Werfen-Spiel weiter.

Abchecken

Bei dieser einfachen, aber effektiven Übung lernt der Hund, Sie abzuchecken und freiwillig zu akzeptieren, wenn er draußen und nicht an der Leine ist. Es bedeutet, dass er an Sie denkt und mit Ihnen in Verbindung bleibt – sogar, wenn er die Gelegenheit hat, die Umgebung zu erkunden.

Bei diesem Spiel checkt der Hund Sie regelmäßig ab und wird dafür mit geworfenen Leckerchen belohnt.

- Alles, was Sie tun müssen, ist zu clicken oder verbal zu markieren, wenn Sie sehen, dass der Hund Kontakt zu Ihnen hat. Er muss noch nicht einmal zu Ihnen kommen. Ihr Ziel ist es, eine natürliche selbstgewählte Reaktion zu belohnen. Deshalb reicht es, wenn er zu Ihnen schaut und einige Sekunden Augenkontakt hält.
- Sobald er Kontakt aufnimmt, werfen Sie ihm die Belohnung zu, in den meisten Fällen Futter.

- › Futter als Belohnung: Sie wollen die Häufigkeit des Abcheckens erhöhen, während der Hund die Umgebung sondiert. Futter funktioniert gut als Belohnung, weil es ausreichend motiviert und verstärkt, aber nicht so aufregend ist, dass der Hund seine Erkundungen abbricht, um unbedingt die Verstärkung zu bekommen.

- › Spielzeug als Belohnung: Sie können das Abchecken auch durch das Werfen eines Apportierspielzeugs markieren und belohnen. Natürlich müssen Sie hierfür ein verlässliches Apportieren trainiert haben, damit die Übung klappt und Sie sie wiederholen können. Denken Sie aber daran, dass auf einige Hunde das Werfen eines Spielzeugs sehr aufregend und hoch verstärkend wirkt. Das ist für den Anfang großartig, um eine Verbindung zu einem Hund aufzubauen, der sehr abgelenkt ist und sich völlig ausgeklinkt hat. Jedoch ist die Gefahr sehr groß, dass der Hund seine Erkundungen beendet, mit Ihnen in Kontakt bleibt (was das Ziel des Spiels ist) und Sie drängt, noch einmal zu zu werfen.

- Wenn Sie einen Hund haben, der Sie draußen überhaupt nicht beachtet, versuchen Sie in einer weniger ablenkenden Umgebung zu arbeiten, etwa zuhause. Sie können auch versuchen, die Belohnung von Ihnen weg in Richtung auf den Hund zu werfen. Wenn er sie gefressen hat, sollte er sich zu Ihnen umdrehen, um zu sehen, ob er noch etwas bekommt. In diesem Moment markieren und belohnen Sie und werfen erneut Futter. Sobald der Hund Sie in Erwartung des nächsten Leckerchens immer wieder anschaut, versuchen Sie, das Spiel draußen und in einer Umgebung mit mehr Ablenkungen zu spielen.

Bleiben Sie dabei, das Abchecken Ihres Hundes zu belohnen. Es wird ihn motivieren, das Verhalten anzubieten und zu wiederholen; folglich vertiefen Sie die Bindung zwischen Ihnen beiden. Denken Sie daran: Was belohnt wird, wird wiederholt!

Stop and Go

Das Spiel basiert auf Aktivitäten, die ein Aufhören und einen Neustart beinhalten – mein Favorit ist das Bleib und die Freigabe. Es spricht die kognitiven Fähigkeiten des Aufgabenwechselns von Ruhe zu Bewegung an. Die Bewegung führt zu Erregung und Spannung, und dann muss der Hund innehalten, nachdenken, fokussieren, seine Gehirnrinde nutzen und dann ruhiges Verhalten anbieten. Es fordert auch die physische motorische Funktion, baut das muskuläre Gedächtnis auf und steigert die kognitive Funktion, bei Erregung zu denken. Dies sind alles exekutive Funktionsfähigkeiten (siehe Kapitel 11). Ich setze das Spiel auch bei internen Ablenkungen ein (s. S. 154).

Schritt für Schritt

- Sind Sie ein aktiver Typ, können Sie rennen und Verfolgungsjagden mit Ihrem Hund spielen. Anfangs im Garten oder Park und dann in ländlichen Gegenden, wenn diese erreichbar sind – und Sie die Energie haben!

- Fordern Sie Ihren Hund zum Sitz auf. Halten Sie ihn am Halsband oder Geschirr und werfen ein Spielzeug ein kleines Stück von sich weg.

- Geben Sie den Hund aus dem Sitzen frei und rennen dann zusammen los, um zu sehen, wer es sich zuerst schnappt. Wenn Ihr Hund gewinnt, lassen Sie ihn ein bisschen herumstolzieren und den Moment genießen. Wenn Sie gewinnen, machen Sie es genauso: kosten Sie Ihren Triumph aus, bevor Sie Ihrem Hund erlauben, ihn mit Ihnen in einem interaktiven Zerrspiel zu teilen. Zum Abschluss werfen Sie das Spielzeug erneut und wiederholen das Spiel. Stellen Sie sicher, dass Ihr Hund öfter gewinnt als verliert, um seine Motivation zu erhalten.

- In dieser Situation wird die Ruhe oder das Warten zu einem hoch belohnenden, antizipatorischen Teil des Spiels. Um die Selbstkontrolle zu fördern, warten Sie, bis der Hund völlig ruhig ist und nicht vorwärts strebt, bevor Sie ihn freigeben.

- Wenn Ihr Hund eine Wasserratte ist, bringen Sie ihn zu einem ungefährlichen Gewässer – zum Beispiel an einen Bach – und fordern ihn zum Sitz auf. Dann verwenden Sie Ihr Freigabesignal aus dem Bleib und lassen ihn ins Wasser flitzen. Ziehen Sie Ihre Gummistiefel an und folgen ihm!

Die Vorfreude auf die Freigabe – in diesem Fall ins Wasser gehen – gehört zum Spiel.

Gemeinsam suchen

Verbringen Sie Zeit mit Ihrem Hund, indem Sie einfach spielen – es gibt keine besonderen Regeln, nur miteinander Spaß haben. Haben Sie einen Hund, der gerne sucht und seine Nase benutzt, erkunden Sie zusammen die Umgebung. Wenn Sie ein Kaninchen laufen sehen, Ihr Hund aber nicht, machen Sie ihn auf den Geruch aufmerksam: „Hey, guck mal, was ich gefunden habe!" Belohnungen zu verwenden, die den Hund begeistern, wie eine frische Fährte, werden ihn mehr beeindrucken als Futter. Sie können auch verstecktes Futter einsetzen, aber eine Witterung, die den Instinkt triggert, ist viel wirkungsvoller.

Nehmen Sie sich die Zeit, um mit Ihrem Hund Spaß zu haben und gemeinsam die Umgebung zu erkunden.

Der Herbst bietet viele Möglichkeiten, Schätze zwischen den Blättern zu verstecken, die Sie und Ihr Hund gemeinsam finden können. Oder suchen Sie die Blätter ohne irgendeinen Grund ab. Die Suche selbst ist belohnend, also muss man nicht zwangsläufig etwas finden. Zu allen Jahreszeiten bietet der Wald wundervolle Düfte und ist für Hunde, die gerne jagen, sehr aufregend. Wenn Ihr Hund aber ein selbständiger Jäger ist, kann es besser sein, mit etwas weniger Stimulierendem anzufangen.

Ist Ihr Hund nicht am Suchen interessiert, verstecken Sie kleine Futterstückchen oder ein Spielzeug auf einem eng begrenzten Gebiet wie dem eigenen Garten. Ermutigen Sie den Hund, das Gebiet abzusuchen und loben ihn überschwänglich, wenn er das Futter oder Spielzeug findet – und stellen Sie sicher, dass Sie da sind, um das mit ihm zu feiern!

Schnüffeln und suchen

In diesem wunderbaren Spiel können Sie Ihrem Hund erlauben, zu jagen und seinen Geruchsinn einzusetzen und dabei die Kontrolle zu behalten. Es basiert auf der Methode, nach der ich meine Spaniels darin ausbilde, kontrolliert für die Treiberlinie zu jagen und zu suchen – die Treiberlinie ist eine Linie von Menschen, die ein Feld oder Waldstück abgehen, um Wild vor die Schützen zu treiben.

In dieser Situation ist es der Job der Hunde, direkt vor der Treiberlinie mit Hilfe ihrer Nasen Vögel zu finden und aufzuscheuchen, die vor den Treibern verborgen sind. Die Hunde decken zwischen den Treibern den Boden nach links und rechts ab. Sie arbeiten in Achterschleifen und decken soviel Fläche wie möglich ab, ohne sich zu weit von der Linie zu entfernen. Wichtig dabei ist, eine geschlossene Linie zu halten.

Mit dieser Strategie kann ein Spaniel tun, was Spaniels eben tun – aber unter Kontrolle. Verschiedene Rassen werden andere Wege einschlagen und einige wollen den Suchbereich weiter ausdehnen, aber ich habe die Übung so adaptiert, dass sie sich für jeden Hund eignet, der gerne jagt und am Boden schnüffelt – und den Vorteil hat, dass Ihre Hunde mit Ihnen in Verbindung bleiben.

Die Übung ist großartig, um die Erregung beim abgeleinten Hund zu kontrollieren und auch, um die kognitiven Fähigkeiten zum Aufgabenwechsel zwischen ruhig sitzen/suchen und umgekehrt aufzubauen.

Schritt für Schritt

- Zu Beginn sitzt der Hund vor Ihnen. Leinen Sie ihn ab und gehen einen Schritt zurück.
- Locken Sie den Hund mit einem Leckerchen aus dem Sitz und wenn er Ihnen gegenübersteht, geben Sie Ihr Suchsignal – meines ist „Vorwärts".
- Dann werfen Sie das Leckerchen von Ihrer linken oder rechten Seite. (Ich bevorzuge die linke Seite, weil ich Linkshänderin bin. So ist es für mich bequemer.)
- Wenn Sie den Hund aus der Fuß-Position losschicken, wird er ermutigt, in einer geraden Linie von Ihnen wegzugehen und Distanz aufzubauen. Das

wollen wir hier aber nicht und deshalb schicke ich den Hund los, wenn er sich mir gegenüber befindet.

- Hat Ihr Hund das geworfene Leckerchen gefressen, wird er sich umdrehen, um nach Ihnen zu schauen. Markieren Sie dies mit einem verbalen „Gut" und werfen ein neues Futterstückchen auf die andere Seite. Es ist wichtig, die Belohnung flach und niedrig über dem Boden zu werfen, damit sie in der Augenlinie des Hundes bleibt.

- Wiederholen Sie dies zur linken und zur rechten Seite. Der Hund startet immer von der Position vor Ihnen. Jedes Mal, wenn er sich nach dem Fressen zu Ihnen umschaut, wird er markiert und überquert dann die Mittellinie, um sein nächstes Leckerchen zu bekommen.

- Sobald Sie eine flüssige Bewegung zur Linken und zur Rechten haben, werfen Sie eine zweite Belohnung zur Gegenseite, während der Hund die erste Belohnung frisst. Wenn er sich zu Ihnen umdreht, markieren Sie dies mit einem verbalen „Gut" und fordern ihn dann mit „Vorwärts" auf, das Leckerchen zu suchen, das Sie schon auf die Gegenseite geworfen haben. Dies wird Ihren Hund davon abhalten, Ihre Hand zu fokussieren und die Belohnung zu jagen. Stattdessen wird er mit tiefer Nase den Boden absuchen und das Muster nachzeichnen, dass Sie mit dem geworfenen Leckerchen kreiert haben.

- Haben Sie einen Hund, der gerne schnüffelt und rennt, ist es wirklich leicht, die Futterbelohnung auszuschleichen, weil das Schnüffeln und Absuchen eines Gebiets selbstbelohnend ist. In diesem Stadium markieren Sie jedes Umschauen zu Ihnen mit einem „Gut" und die Belohnung ist die Fortsetzung des Jagens.

- Schaut der Hund sich nicht nach Ihnen um, spielen Sie ein bisschen Theater und tun so, als würden Sie das Futter sehen. Sie können auch verbal vorspielen, dass Sie etwas Aufregendes gefunden haben, um seine Aufmerksamkeit zu erregen. Dies in Kombination mit Ihrer Körpersprache sollte genügen, um den Hund zum beabsichtigten Ziel zu lenken. Achten Sie darauf, das Schauspiel nicht zu übertreiben, indem Sie zuviele Hinweise geben oder sich selbst zu interessant machen, wenn der Hund seinen Blick von Ihnen abwendet. Erlauben Sie ihm, feine Änderungen Ihrer Körpersprache zu beobachten, um eine natürliche, selbstgewählte Verbindung zu erreichen. Sie wollen, dass er Ihnen folgt und auf Hinweise

Den Hund loszuschicken, um ein geworfenes Leckerchen zu suchen, erhöht die Erregung.

Nach einer Reihe von Wiederholungen darf er eine Pause zur Beruhigung machen.

Mit zunehmender Erfahrung können Sie nach links und nach rechts werfen, mit einem Zwischenstopp zum Sitz – dies fügt die Dimension des Aufgabenwechsels hinzu.

achtet, um das gute Zeug zu bekommen, und nicht zu dem verzweifelten lauten Hundeführer werden, der den Hund anbettelt seine Existenz anzuerkennen.

- Nach etwa zehn Suchen nach links und rechts rufen Sie den Hund zu sich und belohnen ihn im Sitz. Geben Sie ihm zehn Leckerchen, um ihn bei sich zu halten, bevor Sie ihn erneut losschicken. Diese kurze Pause hilft ihm, sein Erregungsniveau vor der nächsten Suche zu senken. Je länger ein Hund sucht, desto mehr steigt seine Erregung. Wenn er keine Pausen hat, wird er schließlich darum kämpfen müssen, die Verbindung zu Ihnen aufrechtzuerhalten, weil er immer mehr durch die Umgebung abgelenkt wird.

Wenn Sie einen Hund haben, der gelernt hat, seiner eigenen Wege zu gehen, wird es harte Arbeit werden, seine Denkweise zu ändern und ihn davon zu überzeugen, dass Sie genau so viel, wenn nicht mehr, Spaß bieten als seine eigenen Ideen und Ziele. Am besten ist es, wenn Sie das Training auf einer Betonfläche anfangen und die Leckerchen in Ihre Nähe werfen. Spielt Ihr Hund mit und ist in Kontakt mit Ihnen, können Sie auf kurzem Gras weiterarbeiten. Mit wachsender Erfahrung versuchen Sie es auf längerem Gras und steigern dann die Herausforderungen der Umgebung, damit Ihr Hund mit Ihnen unabhängig von äußeren Ablenkungen verbunden bleibt.

Bleiben Sie positiv!

In der Jagdhundewelt wird der Hund oft losgeschickt und arbeiten gelassen, bis sein Erregungslevel einen Punkt erreicht hat, an dem er nicht mehr zuhört und sich von seinem Hundeführer abkoppelt. In dieser Situation geht der Hundeführer oft hin, schnappt sich den Hund und bestraft ihn (üblicherweise) grob körperlich für seinen Ungehorsam.

Im Gegensatz hierzu passen wir die Anforderungen so an, dass der Hund Erfolg haben kann. Er soll unsere Erwartungen verstehen, es richtig machen und belohnt werden. Das Ziel ist es, innerhalb der mentalen Grenzen des Hundes zu arbeiten und diese allmählich zu erweitern, damit er sein Erregungsniveau auf eine emotional positive Weise kontrollieren kann.

Mehr Hund sein

Dieses Spiel ist eine gute Aktivität für Hunde, die durch Gerüche abgelenkt werden, insbesondere für Jagdhunde.

Wir unterschätzen die Fähigkeiten der Hundenase oft und dies beschränkt sich nicht auf Gebrauchshunde. Auch Gesellschaftshunde, die über unzählige Generationen als Begleiter gezüchtet wurden, werden immer noch durch Schnuppern und Schnüffeln abgelenkt.

Die meisten Besitzer haben Mühe, den Hund von einem interessanten Geruch abzurufen und das Schnüffeln zu unterbrechen. Haben sie Erfolg, ist die Konsequenz für den Hund das Ende des Spaßes und der Anfang der Kontrolle – beispielsweise Rückruf, Sitz, an die Leine. Sogar wenn es als Belohnung ein Leckerchen gibt: Wenn Sie ein Hund sind, ist nichts besser als Schnüffeln.

Beobachten Sie, wie Hunde frei in einer Gruppe rennen, und Sie werden Folgendes bemerken: Wenn ein Mitglied intensiv an einem bestimmten Fleck riecht, werden die anderen zu ihm laufen, um das zu untersuchen. Hunde lieben es, Gerüche zu analysieren. Daher ist es das Ziel dieses Spiels, das Schnüffeln mit Schnüffeln zu unterbrechen.

Wenn Sie Leckerchen auf den Boden fallenlassen und Ihren Hund dirigieren, führt seine Suche zu greifbaren Belohnungen. Das kann sogar besser sein als das ziellose Schnüffeln, dem er sich hingeben wollte. Schließlich wird der Hund denken, Sie seien besser bei diesem wohlriechenden Vergnügen als er selbst! Seine Motivation, Ihnen zuzuhören, wird steigen – weil Sie ihn zu den Belohnungen führen – und Sie werden eine starke Bindung zu ihm aufbauen.

Schritt für Schritt

- Starten Sie die Übung, indem Sie ein paar Leckerchen auf den Boden werden. Wenn er sie gefressen hat, darf er sich von Ihnen entfernen und ist frei, um herumzulungern und sein eigenes Ding zu tun.

- Sobald Ihr Hund sich ausklinkt, lassen Sie mehr Leckerchen auf den Boden fallen und rufen ihn. Sie können mit der Hand auf das Futter zeigen und ihn verbal loben.

Setzen Sie ein Handsignal ein, um dem Hund zu zeigen, wo er suchen soll.

- Wenden Sie sich ab, während der Hund frisst und werfen noch ein paar Leckerchen. Lassen Sie ihn zuende fressen, bevor Sie ihn wieder für die nächste Hilfsration Leckerchen rufen.

- Beenden Sie die Sitzung mit einem Rückruf und ein paar Belohnungen, damit ihn das Ende des Spiels nicht frustriert.

Interne Ablenkungen

Hierbei handelt es sich um Gefühle und Emotionen, die aus dem Hund selbst stammen. Sie reichen von Aufregung und Vorfreude bis hin zu Furcht, Angst, Stress und Frustration. Ich widme mich zuerst den Effekten von Aufregung und Vorfreude, die positiv sein können, wenn sie ins Selbstkontrolltraining einbezogen werden. Anschließend schauen wir uns Furcht, Angst, Stress und Frustration an – negative Emotionen, die die Lernfähigkeit des Hundes beeinflussen können.

Der Kontrollschalter

Aufregung und Vorfreude stellen die Hauptursache für interne Ablenkung dar, wenn der Hund zu erregt wird, um zuzuhören, sich zu konzentrieren und weiterzumachen. Um hierbei zu helfen, habe ich folgende Spiele vorbereitet: Stop and Go (s. S. 145), Karate K9 (s. S. 196) und Umschalt-Ninja (s. S. 206).

Das Ziel ist es, dem Hund beizubringen, ruhig zu sein, sich zu fokussieren, zuzuhören und zu warten, bevor er für Arbeit, Sport oder einfach eine Erkundung freigegeben wird. Der Hund lernt, mit seinen intrinsischen ablenkenden Emotionen – Erregung und Antizipation –, die impulsives Verhalten hervorrufen, umzugehen und sie zu kontrollieren. Der Schlüssel ist, die Zeitdauer zu verlängern, in der der Hund seinen Erregungszustand kontrollieren kann, während er Spiele spielt, die die Verbindung inmitten externer Ablenkungen aufrechterhalten.

Wenn ich beispielsweise einen Spaniel aus einem kontrollierten antizipatorischen Status zum Jagen schicke, limitiere ich die Dauer, denn die schnelle Bewegung, die Flächensuche und die Gerüche sind hoch erregend und der Hund schaltet in zunehmendem Maße auf die Umgebung um. Mein Ziel für ihn ist aber, dass der Schalter auf mich zeigt. Dies verlangt Multitasking, was nicht nur Energie kostet, sondern auch ein hohes Fehlerrisiko birgt.

Daher rufe ich meinen Hund zurück, bevor er von der Umgebung überwältigt wird und eine unkontrollierbare Aufregung eingesetzt hat und halte meine Verbindung zu ihm. Dieses Niveau kognitiver Kontrolle – im Beuteverhalten zu schwelgen und mit dem Hundeführer in Verbindung zu bleiben – erfordert viel Übung.

Ich arbeite dann am kontrollierten Bleiben und gebe den Hund frei, wenn er sich in einem Zustand kontrollierter Antizipation befindet. Es setzt die Wirkung des Premack-Prinzips (s. S. 102) ein, d.h. die kontrollierte Antizipation kommt der Gelegenheit zum Jagen gleich. Es ist nicht mehr nötig, Futter als Belohnung zu geben, weil der Hund gelernt hat, dass er Gelegenheit zum Jagen erhält, wenn er kontrollierte Antizipation anbietet.

Traditionell wurde ein Arbeitsspaniel zur Jagd geschickt und sich selbst überlassen, bis er einen Punkt der Übererregung erreicht hatte, an dem er nicht mehr gehorchen konnte. Dann wurde er für seinen Ungehorsam bestraft. Um positiv zu trainieren und Korrekturen zu vermeiden, muss der Hund auf Erfolg programmiert werden. Er braucht kurze, handhabbare Höhepunkte und wird belohnt, wenn er in Verbindung bleibt. Dann, und nur dann, kann man die Dauer der Aufgabe verlängern.

Das Negative negieren

Die negativen Emotionen – Furcht, Angst, Stress, Frustration und Ärger – führen zu einem negativen emotionalen Status. Das bedeutet, dass der Hund um Konzentration und Verarbeitungen von Informationen kämpfen muss.

In einer Trainingssituation sind die Gründe hierfür:

- Müdigkeit: Sie haben zu lange mit dem Hund trainiert.
- Frustration: Die Aufgabe ist zu schwer.
- Fehler: Der Hund versteht die Kriterien nicht oder weiß nicht, was Sie von ihm erwarten.

Wenn ein Hund in einem negativen emotionalen Zustand ist, kann unsere Verstärkungsrate nicht hoch genug sein, um sein Interesse zu erhalten. Er koppelt sich daher aus und sucht eine alternative Verstärkung, d.h. irgendetwas, was ihm guttut. Dies nennt man hedonische Verstärkung (s.S.53), und sie kann daraus bestehen, mit anderen Hunden oder Menschen zu interagieren, zu schnüffeln oder die „dollen fünf Minuten“ zu zeigen.

Das Ablenkungsverhalten selbst ist hier nicht das eigentliche Problem, aber es wird oft dafür gehalten. Wir hören einen Hundeführer sagen: „Es lief prima und dann war er plötzlich abgelenkt.“ Aber das ist oft eine Fehlinterpretation des tatsächlichen Geschehens. In dieser Situation gibt es im Allgemeinen einen Trigger, der den Hund dazu veranlasst hat, sich bewusst gegen den Hundeführer zu entscheiden und nach etwas anderem Ausschau zu halten.

Positiv trainierte Hunde haben eine Wahl, und wenn sie abschalten (abgelenkt werden), dann wissen Sie, dass die Übungskriterien und/oder die Motivation geändert werden müssen. Jetzt kommt die Planung ins Spiel. Sie müssen die Kriterien herabsetzen, die Methoden oder die Belohnungen ändern, um die Motivation im Training aufrechtzuerhalten.

Ein anderes häufiges Szenario, das zum Abschalten führt, ist die Frustration des Besitzers. Dies ist eine negative Emotion, die der Hund wahrnimmt und darauf reagiert – entweder, indem er sich aus der Situation entfernt oder versucht, sie zu verändern. Wir Menschen machen es genauso. Wenn Ihr Partner beispielsweise nach einem schlechten Tag von der Arbeit nach Hause kommt und unglücklich ist, werden Sie eine von zwei Möglichkeiten ausprobieren: ihn alleinlassen (die Emotion vermeiden) oder versuchen, ihn aufzumuntern (die Emotion verändern).

Sie können diese Reaktionen auch bei Hunden beobachten. Typischerweise ereignet es sich in einer Trainingsstunde, wenn der Hundeführer frustriert wird, weil etwas nicht klappt oder weil schlechte Laune herrscht. Der Hund reagiert auf zwei Arten: Er geht bis zum Ende der Leine und ignoriert den Hundeführer (die Emotion vermeiden) oder er fängt an herumzualbern (die Emotion verändern).

Beides ist nicht sehr hilfreich und führt normalerweise zu noch mehr Frustration über den Hund. Wenn es Ihnen jedoch möglich ist, Ihre Frustration als Ursache für das Abschalten des Hundes zu identifizieren, können Sie positive Schritte einleiten, um Ihre Beziehung zu ändern. Sie müssen verstehen, dass *Sie* das Problem sind und nicht der Hund.

Ob der Hund versucht Sie zu vermeiden oder Ihre Stimmung aufzuhellen, hängt zum Teil von Ihrer Bindung ab, aber mehr noch von der Sensibilität des Hundes und seinem Vertrauen. Beispielsweise hat mein Leonberger immer versucht, mich aufzuheitern. Ich erinnere mich daran, wie er in der Prüfung zu meinem Training für Fortgeschrittene herumgekaspert hat, weil ich so gestresst und nervös war – wirklich nicht hilfreich! Meine Cocker, die sensiblen Seelchen, wählen immer die Vermeidung – sie können nicht mit meinem negativen emotionalen Zustand umgehen.

Was tun Sie also, wenn dies passiert? Erstens: Was auch immer Sie tun, hören Sie damit auf. Mir hilft es immer, zu überlegen, wann die ersten Zeichen der Frustration aufgetreten sind. Ich bin mir nämlich manchmal gar nicht bewusst, dass sich meine Stimmung geändert hat – im Gegensatz zu meinen Hunden! Sobald ich merke, dass sich negative Gefühle einstellen, mache ich eine Trainingspause und füttere meinen Hund. Ich lasse ihn Leckerchen jagen, suchen und finden. Hierdurch kopple ich leckere Belohnungen mit meinen negativen Emotionen und helfe ihm, sich besser zu fühlen und Spaß zu haben. Dies hilft auch mir, mich zu entspannen. Sobald ich mich besser fühle und der Hund wieder mit mir in Verbindung ist, setze ich das Training wieder fort und senke eventuell die Kriterien.

Hunde, die für Turniere trainiert werden, haben oft im Wettbewerb zu kämpfen – nicht wegen der Umgebung, sondern weil sie mit den großen Emotionen ihrer Hundeführer umgehen müssen. Wenden Sie ähnliche Strategien wie im Training an, halten Sie inne und spielen mit dem Hund – Futter jagen, suchen und finden, Apportieren oder Zerren –, wenn Ihre negativen Emotionen es erlauben. Helfen Sie Ihrem Hund, besser mit Ihren Emotionen umgehen zu können. Achten Sie auch auf Ihren Tonfall und lassen Ihre Stimme unbeschwert und glücklich klingen. Es ist so einfach, förmlich und ernst zu sein, wenn wir gestresst sind – und wir merken es oft noch nicht einmal.

9 Selbständige Wahl und ihre Folgen

Wenn ich an der Selbstkontrolle arbeite, möchte ich, dass der Hund die richtige Wahl selbst trifft. Das Verhalten soll weniger durch meine Signale hervorgerufen werden, sondern ich möchte vielmehr, dass die Situation eine motivierte Wahl triggert. Dies gibt dem Hund ein Gefühl der Kontrolle; er trifft die Wahl, die belohnt wird. Tatsächlich wurde seine Wahl manipuliert. Ich kontrolliere die Situation und die Umgebung und limitiere dadurch seine Optionen. Zu viel Freiheit und Auswahl können überwältigend wirken.

Beispielsweise habe ich meinen Cocker Stig trainiert, sich zu setzen und Augenkontakt anzubieten. Anfänglich habe ich das Verhalten eingefangen, mit einem Clicker markiert und mit Leckerchen belohnt. Im Laufe der Zeit wurde das „Sitz, Augenkontakt" so oft belohnt, dass es eine große Bedeutung als Verstärker bekam und Stig es von selbst anbot. Er hat gelernt, dass es ihm das einbringt, was er vom Leben wünscht – Belohnungen, Spielzeug und letztendlich die Freigabe zum Jagen, Spielen oder Apportieren. Ich habe nie ein Signal wie „Schau her" für dieses Verhalten verwendet. Es ist seine Wahl (die mir gefällt), durch die er wünschenswerte Dinge bekommt. Er kann dies sogar dann tun, wenn er übererregt ist. Er kann das Verhalten selbst initiieren und es liefert ihm Lösungen in Form von Verstärkung und positiven emotionalen Folgen.

Ermutigen Sie Ihren Hund dazu, selbständig zu sein – eine informierte, nicht erzwungene Entscheidung zu treffen –, dies bietet ihm eine selbstinitiierte Lösung. Es fördert die Absichtlichkeit, d.h. das Festlegen auf eine bestimmte Verhaltensweise oder Aktivität und ist mit einer intrinsischen Motivation verknüpft, die ihrerseits zu einem stärkeren Interesse, kognitiver Flexibilität, Kreativität, Vertrauen und einer größeren Nachhaltigkeit der Verhaltensänderung führt.

Die folgenden Spiele basieren auf diesem Prinzip und beinhalten die Wahl, etwas zu nehmen oder liegenzulassen; sie ermutigen zur richtigen Wahl und belohnen die guten, klugen Entscheidungen. Sie erlauben dem Hund, sein eigenes Verhalten in verschiedenen Alltagssituationen zu managen.

Der „Nimm es" oder „Lass es"-Hund

Einem Hund das „Lass es" beizubringen ist ein beliebter Trick unter Hundebesitzern. Das Internet ist voll von Videos und Fotos mit Hunden, die einer Versuchung widerstehen, sei es das Balancieren eines Knochens auf der Nase oder das Sitzen neben einem Wort, das aus Fertigfutter ausgelegt wurde. In diesen Trainingssituationen wird das Verhalten des Hundes gesteuert, was aber nicht bedeutet, dass er auch in der realen Welt der Versuchung widerstehen und Selbstkontrolle üben kann.

So, hier nun etwas geistige Nahrung. Es gibt zwei Arten von Hunden:

1. Der „Nimm es"-Hund

Die Perspektive dieses Hundes ist: „Ich lasse alles in Ruhe, bis mein Besitzer mir erlaubt, es zu nehmen."

„Ich manage mich selbst."

2. Der „Lass es"-Hund

Das Programm dieses Hundes ist:

„Ich kann alles nehmen, was ich will, bis mein Besitzer mir sagt, ich soll es lassen."

„Mein Besitzer managt mich."

Zu welchem Typ gehört Ihr Hund und mit welchem Typ möchten Sie leben? Denken Sie daran: Wir machen die Regeln. Lehren Sie ein „Lass es" auf Kommando, werden Sie einen Hund mit einem „Lass es"-Programm bekommen, der ständige Führung und Aufmerksamkeit von seinem Besitzer braucht. Bei einem impulsiven und opportunistischen Hund kann das anstrengend sein. Im Gegensatz dazu managt der „Nimm es"-Hund sein eigenes Verhalten.

Die folgenden Spiele sollen Ihren Hund dabei unterstützen, die „Nimm es"-Programmierung zu entwickeln. Gleichzeitig soll er die Fähigkeit zur Frustrationstoleranz erlangen, d.h. verstehen, dass er nicht alles im Leben haben kann. Dies können Sie durch das Festlegen erreichbarer Ziele und das Einfangen und Belohnen des Verhaltens, das Sie wollen, erreichen.

Ich lehre immer noch das „Lass es“ auf Signal, benutze es aber nur in Notfällen – nicht für die tägliche Arbeit.

„Lass es“ trainieren

Stadium 1

Für diese Übungen benutzen wir keinen Clicker, weil wir beide Hände brauchen, wenn das Spiel voranschreitet. Ich verwende stattdessen einen verbalen Marker wie das Wort „Gut“.

- Halten Sie ein Leckerchen in der geschlossenen Faust und präsentieren Sie es Ihrem Hund. Er wird versuchen, an die Belohnung in Ihrer Hand zu gelangen.
- In der Sekunde, in der er davon ablässt, weggeht oder zurückweicht, markieren Sie mit einem verbalen „Gut“, öffnen die Hand und belohnen mit dem Leckerchen.
- Wiederholen Sie dies ein paar Mal, bis der Hund weggeht oder zurückweicht, sobald Sie ihm Ihre geschlossene Faust zeigen. An diesem Punkt wissen Sie, dass Ihr Hund die Spielregeln verstanden hat und Sie Ihr „Lass es“-Signal einführen können. Wie zuvor markieren und belohnen Sie in dem Moment, in dem er mit Zurückweichen reagiert.

Dies ist ein simpler und leichter Weg, das „Lass es“ zu trainieren. Wenn Ihr Hund verstanden hat, welches Verhalten Sie wollen, ist es jedoch wichtig, das Spiel fortzusetzen und es auf die reale Welt zu übertragen.

In 99% der Situationen im wirklichen Leben, in denen Sie Ihren Hund auffordern, etwas loszulassen, werden Sie es ihm anschließend nicht geben. Er muss lernen, dass es einige Dinge im Leben gibt, die er nicht haben kann. Dies kann sehr frustrierend sein und er muss Frustrationstoleranz lernen.

Stellen Sie sich vor, Sie gehen spazieren und es liegt ein halb aufgegessener Kebab auf dem Boden oder auf dem Teich schwimmt ein Schwarm Gänse. Wenn Sie Ihrem Hund das „Lass es“-Signal geben, werden Sie ihm nicht erlauben, den

Kebab zu fressen oder die Gänse zu jagen, weil er kooperiert hat. Sie werden ihm beibringen, dass er, wenn er etwas lässt, stattdessen etwas anderes bekommt.

Stadium 2

- Präsentieren Sie Ihre geschlossene Faust, die das Leckerchen hält, und fordern Sie „Lass es". Wenn der Hund zurückweicht, markieren Sie mit einem verbalen „Gut". Lassen Sie die geschlossene Faust in ihrer Position und benutzen Sie die andere Hand, um ein Leckerchen aus der Tasche zu nehmen und zu belohnen.

- Nach einigen Wiederholungen wird der Hund das Interesse an dem Leckerchen in der geschlossenen Hand verlieren und sich näher zu der Hand positionieren, die die Alternative liefert. Das wollten Sie erreichen. Der Hund hat entschieden, dass das, was er lassen soll, nicht interessant ist und fokussiert sich lieber auf das, was Sie anzubieten haben.

Das ist Frustrationstoleranz. Der Hund, der auf die geschlossene Hand fokussiert bleibt, ist ein Hund mit schlechter Frustrationstoleranz, weil er das, was er nicht haben darf, nicht loslassen oder vergessen kann. Auf der anderen Seite hat der Hund, der die geschlossene Hand verlässt und zur belohnenden Seite wechselt, eine gute Frustrationstoleranz. Zu akzeptieren, dass es Dinge gibt, die man nicht haben kann, auch wenn das wirklich gerne möchte, kann hart sein! Dieses Spiel hilft Ihnen dabei, Ihren Hund besser zu verstehen, damit Sie ihm die Unterstützung geben können, die er braucht.

Stadium 3

- Bewegen Sie Ihre geschlossene Faust allmählich näher in Richtung auf den Boden, während Sie den Hund mit Leckerchen aus der Tasche für das Ignorieren belohnen. Sie müssen ganz kleine Schritte machen – bewegen Sie Ihre Hand 2cm nach unten, markieren und belohnen Sie, noch einmal 2cm, markieren und belohnen und so weiter.

- Wenn Sie mit Ihrer Faust am Boden angelangt sind, bedecken Sie das Leckerchen mit der Hand und schauen Sie, ob Sie sie wegnehmen können.

- Versucht Ihr Hund, das Leckerchen zu stehlen, müssen Sie schneller sein und Ihre Hand schnell wieder auf das Futter legen, bevor er es ergattert.

Die „Nimm es“-Denkweise trainieren

Stadium 1

Ihr Hund hat gelernt, ein Leckerchen in Ihrer Hand und auf dem Boden zu ignorieren und Sie haben das „Lass es“-Signal eingeführt – nun können Sie weitermachen.

Ein Hund mit einer hohen Frustrationstoleranz wird neben der Belohnungshand sitzen und dort auf die Belohnung warten. Dieser Hund hat akzeptiert, dass er das andere Leckerchen nicht bekommt und freut sich darauf, was ihm stattdessen angeboten wird.

Resourcenwächter werden zu dem Leckerchen zurückgehen, das sie vor einiger Zeit nicht nehmen sollten. Der Grund hierfür ist, dass ihre Denkweise ihnen diktiert, Objekte von Wert besitzen zu wollen. Wenn man einem solchen Hund etwas verbietet, steigt dessen Wert. Daher ist ein „gestohlenes“ Objekt so wertvoll, dass es eventuell bewacht werden muss.

In diesem Stadium streben wir zwei Ziele an. Der Hund muss lernen, die Bedeutung des „Lass es“-Signals mit einer alternativen Belohnung zu verknüpfen. Darüber hinaus soll dieses Verhalten nicht mit einem Signal belegt werden, damit der Hund die Wahl hat, etwas zu lassen und dafür belohnt zu werden – im Gegensatz zur Belohnung für das Befolgen einer Anweisung.

Dies ist der Unterschied zwischen „Lass es“ und „Nimm es“ und Ihr Hund wird in Abhängigkeit von Ihrem Training entweder eine „Lass es“- oder eine „Nimm es“-Denkweise entwickeln.

Wenn wir ein „Lass es“ einfangen und belohnen – und dann die verbale Erlaubnis „Nimm es“ geben –, lernt der Hund, dass er nichts nehmen soll, bevor er die Erlaubnis bekommt. Auf diese Weise managt er sein eigenes Verhalten und hängt nicht von verbalen Anweisungen ab. Trainieren wir als Beispiel einen Hund auf das Ignorieren von Futter:

- Spielen Sie das Spiel wie zuvor, erst mit einem Leckerchen in der geschlossenen Faust und dann bedeckt mit der Hand auf dem Boden. Benutzen Sie den verbalen Marker, um das Ignorieren des Leckerchens zu markieren. Wenn Sie mögen, können Sie das Signal „Nimm es“ verwenden, wenn Sie das andere Leckerchen geben. Aber dies ist nicht unbedingt nötig, weil der Marker dem Hund schon vermittelt hat, dass die Belohnung kommt und von Ihrer Hand gegeben wird.

- In diesem Stadium belohnen Sie den Hund im Stand, damit er seine Wahl im Stehen trifft. In den meisten Situationen im realen Leben wird der Hund stehen und nicht, wie es oft gelehrt wird, sitzen.

- Sobald Sie ein flüssiges Ignorieren ohne Signal erzielt haben, können Sie versuchen, Ihre Hand von dem Leckerchen zu nehmen.

- Im nächsten Schritt wird an der Dauer gearbeitet, während derer Ihr Hund das Leckerchen ignorieren kann. Starten Sie mit ein paar Sekunden und verlängern Sie die Dauer schrittweise. Bewegt sich der Hund auf das Leckerchen zu, seien Sie schnell und bedecken es mit Ihrer Hand. Warten Sie, bis er sich wieder zurückzieht und belohnen Sie dann.

Bei diesem Training sind regelmäßige Pausen sehr wichtig. Selbstkontrolle ist Willenskraft und, wie bei uns, erschöpfend. Müdigkeit und Konzentrationsschwäche gefährden den Erfolg. Die Gelegenheit, sich zu entspannen und abzuschalten, hilft Ihrem Hund beim Aufbau von Selbstkontrolle über längere Zeit.

Stadium 2

In diesem Stadium geht es darum, die Position des Hundeführers zu verändern. In der bisherigen Anordnung befand sich der Hundeführer zwischen Belohnung und Hund und hatte die Oberhand, um zuerst an das Leckerchen zu kommen (wenn man schneller als ein Cocker ist).

Anfangs ist dies hilfreich, um Irrtümer zu vermeiden und den Hund zu motivieren. Nun müssen wir es schwerer machen, weil Sie sich in einer realen Situation vielleicht hinter dem Hund aufhalten und die Ablenkung vor ihm liegt.

Steigern Sie die Schwierigkeit, indem Sie sich neben Ihren Hund begeben.

Am besten gehen Sie in kleinen Schritten vor und stellen sich so, dass Sie sich Seite an Seite mit Ihrem Hund befinden und auf gleicher Höhe arbeiten. Markieren und belohnen Sie auch die Verlängerung der Dauer.

Stadium 3

Um die Übung zu vervollständigen, müssen wir noch Bewegung hinzufügen, zunächst in Entfernung zur Belohnung und später in deren Nähe.

- Legen Sie ein Leckerchen auf den Boden und beginnen Sie Seite an Seite mit Ihrem Hund (so wie in Stadium 2). Sobald er sich dem Leckerchen nähert, verwenden Sie eine zweite Belohnung, um ihn wegzulocken. Markieren und belohnen Sie, dass der Hund auf den Beinen ist und sich von dem Leckerchen auf dem Boden entfernt.

- Nun darf der Hund vor Ihnen sein. Rufen Sie ihn mit „Komm“, damit er sich zu einem Richtungswechsel entscheiden muss: weg vom Leckerchen und zu Ihnen.

- Belohnen Sie in diesem Stadium mit einigen hochwertigen Belohnungen, um den Hund zu halten. Sie wollen vermeiden, dass der Hund sich ein Leckerchen schnappt und dann zurück zum Ablenkungsleckerchen läuft. Die Belohnung muss den Hund davon überzeugen, dass er die beste Wahl getroffen hat. Sie belohnen hier nicht einfach ein Verhalten, sondern kreieren eine neue Denkweise – diese macht ihn glauben, es sei eine brilliante Idee, Dinge zu ignorieren.

Bewegung fügen Sie hinzu, indem zuerst Entfernung vom Leckerchen aufgebaut wird.

- Die Belohnungen, die Sie eine nach der anderen geben, helfen auch dabei, Dauer aufzubauen. Der Hund lernt wegzukommen und wegzubleiben.

- Nun starten Sie neu und wiederholen die Übung. Nutzen Sie die Gelegenheit, die neue Denkweise Ihres Hundes zu belohnen und zu verstärken.

- Wenn Sie mit dem Distanzieren vom Leckerchen zufrieden sind, fangen Sie damit an, sich ihm zu nähern. Hierfür begeben Sie sich wieder auf die Höhe des Hundes, legen eine Belohnung auf den Boden und markieren und belohnen Sie, wenn der Hund sie ignoriert. Statt ihm aber dieses Mal ein Leckerchen ins Maul zu geben, werfen Sie es direkt hinter sich. Mit Ihrem verbalen Marker signalisieren Sie dem Hund, dass er sich das geworfene Leckerchen holen darf.

- Wenn er es gefressen hat, wird er umdrehen und sich zu Ihnen und der Ablenkungsbelohnung bewegen. An diesem Punkt sollte er sich selbst bremsen, und Sie markieren und belohnen dieses Verhalten. Er muss nur anhalten und sich nicht setzen oder legen.

- Nun können Sie Distanz zwischen sich und der Futterablenkung zufügen. Sie können auch die Entfernung zum geworfenen Leckerchen vergrößern. Das Ziel des Hundes ist es, das Ablenkungsleckerchen zu ignorieren und stattdessen in Verbindung mit Ihnen und Ihrem Angebot zu bleiben.

Stadium 4

Nun wird die „Lass es“-basierte Wahl in die Fußarbeit einbezogen. Für diese Übung muss der Hund gut bei Fuß gehen.

- Platzieren Sie eine Ablenkungsbelohnung.

- Gehen Sie in einem großen Bogen um die Belohnung herum. Der Hund sollte sich außen befinden und Sie markieren und belohnen das korrekte Bei-Fuß-Gehen. Die Belohnung bestätigt ihm, dass er das Richtige tut. Sie erhöht aber auch die Motivation abzubrechen, daher ist eine hohe Belohnungsrate wichtig.

- Wenn Sie bemerken, dass der Hund zum Leckerchen schaut und sich zu ihm hinbewegt, sich dann aber korrigiert und wieder zu Ihnen orientiert, markieren und belohnen Sie.

- Fahren Sie fort, indem Sie den Kreis und damit die Entfernung zum Ablenkungsleckerchen verkleinern.

Stadium 5

Als Nächstes arbeiten Sie daran, dass der Hund an der Innenseite des Kreises bei Fuß geht. Offensichtlich wird nun die Herausforderung größer, weil sich der Abstand zum Ablenkungsleckerchen verringert.

- Starten Sie mit einem großen Bogen – Hund innen – und verringern Sie allmählich den Abstand zum Ablenkungsleckerchen. Und wieder markieren und belohnen Sie das korrekte Verhalten.

- Sie können auch in geraden Linien arbeiten und mit dem Hund an der Außen- und Innenseite vorbeigehen.

Stadium 6

Wenn der Hund ein wirklich gutes „Lass es" an der Leine beherrscht und Sie viele erfolgreiche Wiederholungen absolviert haben, können Sie anfangen, ohne Leine zu arbeiten. Für den Hund stellt dies die Basis für die Fähigkeit – und die Denkweise – dar, im wirklichen Leben die „richtige" Wahl zu treffen.

- Starten Sie wie zuvor: Platzieren Sie das Ablenkungsleckerchen und umkreisen Sie es mit dem nicht angeleinten Hund auf der Außenseite. Markieren und belohnen Sie.

- Nach einer Serie erfolgreicher Belohnungen arbeiten Sie mit dem Hund auf der Innenseite. Markieren und belohnen Sie. Beachten Sie, dass dies eine anspruchsvolle Arbeit ist und verringern Sie den Abstand zum Leckerchen nicht zu früh. Trainieren Sie auch nicht zu lange, weil dies das Fehlerrisiko erhöht.

- Wenn der Hund ausbricht und das Leckerchen nimmt, fangen Sie einfach von vorne an und reduzieren Sie die Kriterien, damit Sie das gewünschte Verhalten belohnen und verstärken können.

Stadium 7

Nun kombinieren Sie das Bei-Fuß-gehen ohne Leine und einen Rückruf vom Ablenkungsleckerchen.

- Platzieren Sie das Ablenkungsleckerchen und gehen Sie mit dem Hund bei Fuß ohne Leine darauf zu.

- Stoppen Sie in einiger Entfernung zum Ablenkungsleckerchen, gehen zurück und rufen den Hund zu sich. Geben Sie ihm viele Leckerchen dafür, dass er der Versuchung widerstanden hat und zu Ihnen gekommen ist! Verringern Sie in kleinen Schritten die Distanz zum Ablenkungsleckerchen, bevor Sie stoppen und den Hund zurückrufen.

- Wenn Sie merken, dass die Herausforderung zu groß ist, können Sie mit dem angeleinten Hund weiterarbeiten und dann die Leine erneut abnehmen.

- Hat sich das Verhalten gefestigt, versuchen Sie in geraden Linien zu arbeiten und vor dem Rückruf am Ablenkungsleckerchen vorbeizugehen.

- Zum Abschluss übertragen Sie das Spiel auf das wirkliche Leben und arbeiten Sie mit realen Ablenkungen wie Lebensmittelverpackungen und Pferdeäpfeln!

10 Stopp und denk nach

Die Fähigkeit, zu stoppen und nachzudenken ist eine essenzielle Fähigkeit für alle Hunde – egal, ob sie arbeiten, auf dem Turnier sind oder mit uns zusammenleben. Die meisten Verhaltensprobleme entstehen dadurch, dass ein Impuls durch irgendetwas in der Umgebung getriggert wird. Dieser Impuls aktiviert dann eine Emotion, je nach Vorerfahrungen oder genetischen Einflüssen. Beispielsweise sieht ein Hund einen anderen Hund und reagiert. Diese Reaktion kann auf Furcht basieren, auf ererbten Einflüssen oder auf früheren Erfahrungen. Sie kann auch sozial gesteuert sein, getriggert durch emotionale Aufregung, und dann in Frustration übergehen, wenn der Hund durch die Leine zurückgehalten wird.

Impulsives Verhalten hat seine Wurzeln meistens in den Funktionskreisen Sozial-, Beute-, Futter- oder Verteidigungsverhalten. Die Reaktion wird durch genetische Verhaltensmuster und Erfahrungen beeinflusst. Impulsives Verhalten entsteht auch in erlernten Situationen, die Erregung und Antizipation triggern, beispielsweise das Warten an der Startlinie im Agility, der Treiberlinie bei der Jagd oder auf den Beginn des Spaziergangs. In diesen Situationen möchten wir, dass der Hund seine impulsiven Reaktionen unterdrückt und sich angemessener verhält. *Siehe Kapitel 11: Exekutive Funktionen (S.195).*

Stephen Covey, der Autor der Bestsellers „Die 7 Wege zur Effektivität“ lokalisiert eine Lücke zwischen Reiz und Reaktion. Wenn wir in dieser Lücke arbeiten, können wir bessere, weniger emotionale – und eher kognitive – Reaktionen erzeugen. In der Achtsamkeitsstudie wurde mithilfe von MRT-Aufnahmen nachgewiesen, dass die Praxis des „Stopp und denk nach“ – und mehr kognitive und weniger impulsive Entscheidungen – die Dichte der grauen Substanz in der präfrontalen Hirnrinde erhöhte. Durch die tägliche Praxis strukturiert sich das Gehirn neu und entwickelt neue Gewohnheiten, deren Umsetzung schließlich weniger Anstrengung erfordert.

Das ist genau das, was wir von unseren Hunden erwarten. Sie sollten Folgendes kontrollieren können:

- Getriggert durch das Sozialverhalten: das Hochspringen, wenn sie auf Menschen treffen
- Getriggert durch das Futterverhalten: das impulsive Grabschen, wenn sie Fressbares finden
- Getriggert durch das Beuteverhalten: das impulsive Jagen, beispielsweise wenn sie ein Kaninchen sehen
- Getriggert durch das Verteidigungsverhalten: das Zerren und Bellen, wenn sie etwas Beunruhigendes sehen

Es ist klar, dass dies kein natürliches Verhalten ist – es wurde geübt. Ich habe daher eine Reihe von Spielen entwickelt, die mit dem Sozial-, Futter- und Beuteverhalten arbeiten, um die hochwichtigen „Stopp und denk nach"-Fähigkeiten zu entwickeln, die das impulsive Verhalten verhindern. Verhalten, das mit Verteidigungsmotivation verknüpft ist, wie Angst, Reaktivität und Aggressivität ist ein Kapitel für sich und nicht Gegenstand dieses Buches.

Funtkionskreis Sozialverhalten

Verhalten, das sozial motiviert wird, umfasst viele Formen des Strebens nach Aufmerksamkeit. Das Prinzip der Änderung des Verhaltens ist jedoch vielseitig anwendbar.

Hochspringen

Dies ist das häufigste Verhalten, das mit dem Funktionskreis Sozialverhalten verknüpft ist. Die Hunde springen hoch, weil es eine soziale Begrüßung darstellt und sie damit auch unsere Aufmerksamkeit erhalten. Aus Sicht des Hundes ist Aufmerksamkeit jede Interaktion mit dem Besitzer, auch wenn er „Nein" oder „Runter" sagt.

Aktuelle Trainingsempfehlungen geben als effektivste Lösung den Rat, das Verhalten zu ignorieren. Das ist insofern korrekt, als Ihre Aufmerksamkeit oder Reaktion das Hochspringen fördert. Als alleinige Lösung können hierdurch aber neue Probleme entstehen.

Der Grund hierfür ist folgender: Wenn Sie eine erwartete Belohnung (in diesem Fall die Aufmerksamkeit) entfernen, löschen Sie das Verhalten aus – Sie töten es ab. Wir müssen aber verstehen, dass sich durch das Löschen das Verhalten zunächst verschlimmert, bevor es besser wird; dies nennt man den Löschungstrotz.

Stellen Sie sich einen Verkaufsautomaten vor. Sie werfen Geld ein und drücken den Knopf, aber nichts passiert – das ist Löschen! Wo ist die erwartete Belohnung?

Was tun Sie? Ich bin ein geduldiger Mensch und würde als Erstes versuchen, mein Geld zurückzubekommen. Wenn mir das gelingt, würde ich wahrscheinlich noch einmal versuchen, meine Schokolade zu erhalten. Bekomme ich wieder keine Belohnung, macht sich Frustration breit und ich höre auf, den Knopf zu drücken. Bevor ich dieses Stadium erreiche, habe ich aber vielleicht versucht, den Knopf kräftiger zu drücken oder sogar mit der Faust darauf geschlagen. Das Gleiche passiert auch beim hochspringenden Hund: Er springt noch höher oder setzt mehr Kraft ein, wenn Sie ihn ignorieren.

Was ereignet sich also, wenn der Automat nichts liefert? Unsere Reaktion wird durch Frustration gesteuert und äußert sich vielleicht in Schreien, Beschwören oder sogar darin, dass ich die Maschine schlage, schüttle oder trete.

Und was tun Hunde, wenn Sie frustriert sind? Sie bellen, zerren, schnappen oder kneifen – und das ist das Problem. Auch wenn das Hochspringen aufhört, können andere unangemessene aufmerksamkeitssuchende Verhaltensweisen entstehen. Die Ursache ist, dass der Hund immer noch ein Problem hat – er weiß nicht, wie er Ihre Aufmerksamkeit bekommen kann.

Hunde sind soziale Wesen und das ist der Grund dafür, dass sie so gut mit uns zurechtkommen; wir teilen ihr Bedürfnis nach und die Freude an sozialer Interaktion und Kommunikation.

Wenn wir einen schlechten Tag hatten und niedergeschlagen sind, suchen wir oft soziale Interaktion. Sie rufen vielleicht einen Freund an, der ein offenes Ohr hat, oder gehen aus und suchen Kontakt. Soziale Interaktionen führen zur Opioidausschüttung im Gehirn, die uns Wohlbefinden liefern; wir nutzen sie natürlicherweise, um unsere Stimmung zu heben. Sie beeinflussen unsere Hunde in der gleichen Weise.

Also ist es in Ordnung, das Hochspringen zu ignorieren – und wenn Sie es ignorieren, wird es schließlich aufhören –, aber wirklich wichtig (und der Hauptbestandteil der Lösung) ist es, dem Hund zu zeigen und beizubringen, wie er unsere Aufmerksamkeit durch ein besser geeignetes Verhalten erreicht. Dies bedeutet, proaktiv zu sein und nicht reaktiv. Lehren Sie den Hund, was Sie in einer Situation von ihm erwarten; lassen Sie ihn nicht erst etwas Falsches tun und versuchen dann, es zu reparieren oder korrigieren.

Ein Standardverhalten trainieren

Wie schon in *Kapitel 2: Das Spontan-Sitz* beschrieben, bringe ich meinen Hunden bei, dass sie mit einem „Sitz“ Aufmerksamkeit erzielen. Sie lernen schnell, dass Menschen „Sitz“ lieben und das Verhalten wird automatisch.

Wir können das Verhalten einfangen (zuvor beschrieben) und es belohnen. Es gibt auch eine Clicker-Trainingsmethode, mit der wir den Lernprozess beschleunigen können. Im folgenden Beispiel trainieren wir ein automatisches Sitzen, wenn der Hund sich einer Person nähert.

Bevor Sie mit dieser Übung beginnen, muss Ihr Hund das Wort „Sitz“ bereits verstehen und zuverlässig darauf reagieren.

Schritt für Schritt

- Rüsten Sie sich mit einem Clicker und zehn Leckerchen aus.
- Werfen Sie ein Leckerchen etwa einen Meter vor sich hin. Wenn der Hund es gefressen hat, sollte er sich umdrehen und zu Ihnen zurückkehren.
- Sobald er bei Ihnen ist und bevor er hochspringt, geben Sie das Kommando „Sitz“.
- Das Hinsetzen clicken Sie und werfen ein Leckerchen etwa 1,5 Meter vor sich hin.

Arbeiten Sie an Ihrem Timing, damit Ihr verbales Signal dem unerwünschten Hochspringen vorbeugt.

- Wiederholen Sie dies fünf Mal. Das Ziel der Übung ist es sicherzustellen, dass das Signal zum Setzen gegeben wird, bevor der Hund hochspringt.
- Bei der sechsten Wiederholung sagen Sie nichts zu Ihrem Hund. Er wurde fünf Mal für das Hinsetzen belohnt und daher ist es höchst wahrscheinlich, dass er sich wieder dafür entscheidet. Wenn er anhält und Sie stehend anschaut, geben Sie ihm die Zeit, darüber nachzudenken, was er tun soll.
- Sobald der Hund sitzt, clicken und belohnen Sie mit einem Leckerchen und verbal, indem Sie ihm erzählen, wie klug er ist.
- Wenn der Hund hochspringt, wenden Sie sich ab und fangen wieder von vorne an, bis er ein Sitzen anbietet.
- Schließlich führen Sie Wiederholungen des kompletten Verhaltens durch: Der Hund kommt und setzt sich, ohne dass er dazu aufgefordert wird.

Sie sollten nun die Übung zehn Mal komplett wiederholt haben, fünf Mal mit und fünf Mal ohne Kommando, und der Hund hat dabei zehn Mal wie ge-

Beachten Sie das subtile Handsignal, das den Hund eventuell zum Hochspringen animiert.

wünscht reagiert: Er ist gekommen und hat sich gesetzt. Das entspricht einer hundertprozentigen Erfolgsrate bei zehn Wiederholungen – und großartigem, frustrationsfreien Lernen.

Nun bauen wir einen Fehler ein. Denn so sehr wir möchten, dass der Hund lernt zu kommen und sich zu setzen, möchten wir auch, dass er seinen Impuls hochzuspringen kontrolliert.

- Wenn der Hund bei der elften Wiederholung kommt, können Sie ihn subtil zum Hochspringen ermutigen.
- Springt der Hund hoch, wenden Sie sich ab und gehen fünf Schritte fort, dann gehen Sie wieder zu Ihrer vorigen Position. Fordern Sie ein „Sitz", clicken und werfen das Leckerchen 1,5 Meter vor sich hin. Arbeiten Sie den Ablauf vom Anfang mit zehn Wiederholungen, davon fünf mit und fünf ohne Signal. Wiederholen Sie den Ablauf, bis der Hund nicht mehr hochspringt, sondern beim elften Mal ein Sitz anbietet.

- Springt der Hund *nicht* hoch, wenn Sie ihn animieren, clicken Sie und werfen Ihre Belohnung einen Meter vor sich hin. Es folgen fünf Wiederholungen mit einem spontanen Hinsetzen des Hundes, während Sie an Ort und Stelle bleiben. Dann bauen Sie einen anderen Fehler ein.

- Sobald Sie merken, dass der Hund die Übung verstanden hat, können Sie ihn allmählich deutlicher zum Hochspringen animieren, um seine Reaktion (nicht springen) zu verstärken.

- Denken Sie daran: zehn Erfolge und ein Fehler – behalten Sie dieses Verhältnis bei. Durch den Fehler lernt der Hund, wird aber nicht frustriert; zu viele Fehler verursachen Frustration.

Im nächsten Schritt soll der Hund damit aufhören, an anderen Menschen hochzuspringen. Für diese Übung brauchen Sie einen Trainingsassistenten.

- Wir verwenden den gleichen Ablauf und die Zahl der Wiederholungen wie zuvor. Dieses Mal ist der Hund angeleint.

- Gehen Sie mit dem Hund an Ihrer Seite und sobald Sie bei dem Assistenten ankommen, fordern Sie ein Sitz.

- Wenn der Hund sitzt, clicken und belohnen Sie, dann gegen Sie weg und wiederholen den Prozess. Lassen Sie den Hund jeweils fünf Mal mit und ohne Signal sitzen.

- In diesem Stadium ist es wichtig, dass der Assistent nicht in irgendeiner Weise mit dem Hund interagiert, auch nicht per Augenkontakt.

- Der Fehler bei der elften Wiederholung kommt vom Assistenten, der dem Hund eine sehr subtile Einladung zur Interaktion gibt.

- Springt der Hund hoch, gehen Sie fort und belohnen ihn nicht. Dann drehen Sie um und beginnen von vorn.

- Sitzt der Hund, clicken und belohnen Sie und gehen dann weg. In diesem Stadium muss die Belohnung von Ihnen kommen, damit der Hund mit Ihnen verbunden bleibt, seine Aufmerksamkeit auf Sie richtet und sich nicht auf die andere Person fokussiert.

In diesem Szenario passiert es häufig, dass der Hund bis zum Ende der Leine vorwärtsstrebt, um den Assistenten zu erreichen. Er hat sich entschieden, mit jemand anderem sozial zu interagieren und sich von Ihnen zu trennen. Wenn Sie darum viel Aufhebens machen, wird er dafür belohnt, nicht bei Ihnen zu sein. Seine Wahl wird verstärkt, wenn Sie versuchen, ihn zurückzuziehen und Kommandos wie „Nein", „Aus", „Lass es" oder „Platz" ausstoßen.

In der Praxis ist das Sitzen die lohnendste Option – unabhängig von anderen Ablenkungen.

Aus Sicht des Hundes geben Sie ihm sehr viel negatives Feedback, wenn Sie versuchen, ihn wegzuziehen oder auszuschimpfen, während die andere Person ihm positive Aufmerksamkeit widmet. Dies erhöht die Wahrscheinlichkeit, an anderen hochzuspringen, noch mehr. Aus dem gleichen Grund lasse ich meine Hunde nie Leckerchen von anderen Menschen geben – die guten Sachen sollen von mir, dem Hundeführer, kommen! Die einzige Ausnahme ist ein Hund, der wenig Selbstvertrauen hat und Vertrauen zu Fremden aufbauen soll.

Tipp vom Trainer:

Wenn ein Hund sich Ihnen freudig nähert und Sie ihn streicheln möchten, haken Sie am besten Ihren Daumen unter das Halsband und legen die Hand auf seine Schulter. Das wird ihm dabei helfen, seine Füße auf dem Boden zu behalten, und Sie können ihn nun an Brust und Schulter tätscheln.

Diese Trainingssitzungen sind viel leichter, wenn Sie Freunde als Versuchskaninchen gewinnen können. Sie können allmählich immer aufregender werden, um die Impulskontrolle und das Sitz als Standardverhalten zu stärken. Sie werden dort draußen einige ziemlich verrückte Hundeliebhaber treffen!

Sie können bis zu einem Punkt arbeiten, an dem es keine Rolle spielt, wie sehr Ihre Assistenten ablenken; der Hund hat das Spiel verstanden und bietet ein wunderschönes Sitz an.

Kontrolle an Eingängen/Toren

Bei dieser nützlichen Übung lernt der Hund „gute Manieren", d.h. sich an Eingängen und Toren nicht mehr vorzudrängen. Er soll erst durch eine Tür gehen, wenn er dazu die Erlaubnis bekommt; dies ist auch ein gutes Sicherheitstraining. Früher glaubte man, unsere Bindung zu Hunden würde dadurch beeinflusst, wer zuerst durch eine Tür geht. Die aktuelle Forschung zeigt uns, dass dies sehr wahrscheinlich keinen Einfluss auf den Beziehungsstatus hat. Es ist einfach eine nützliche Übung.

Bei diesem Training gibt es viel zu lernen, daher teilen wir es in acht erreichbare Stadien auf. Ich beziehe mich hierbei auf eine Türöffnung, aber die Übung funktioniert gleichermaßen bei Toren oder allen anderen Situationen, bei denen Sie vor dem Hund gehen müssen.

1. Sitzen.

2. Sitzen, warten.

3. Sitzen, warten, Hundeführer öffnet die Tür.

4. Sitzen, warten, Hundeführer geht durch die Tür.

5. Hundeführer ruft den Hund durch die Tür.

6. Sitzen.

7. Warten.

8. Sitzen, warten, Hundeführer schließt die Tür.

Training guter Manieren an Eingängen in frühen Stadien.

Der wichtigste Teil der Übung ist das Sitzen und Warten (Schritte 1–4), weil dieser Teil den Erfolg der Sequenz ausmacht. Es muss ein wirklich gefestigtes Verhalten sein, und daher müssen Sie in den frühen Stadien des Trainings großzügig belohnen.

In dieser Übung verwenden Sie als einziges Signal die Aufforderung, durch die Tür zu gehen. Alles andere wird eingefangen und belohnt. Wenn Sie nur das Ende belohnen, richtet sich die Motivation des Hundes auf die andere Seite des Eingangs/Tors – und genau das wollen wir nicht.

Erinnern Sie sich: Wenn Sie clicken und belohnen, markiert und beendet der Click das Verhalten. Daher müssen Sie nach jedem Click und Belohnung von vorn anfangen, d.h. mit einem Sitz am Eingang/Tor starten und allmählich Dauer aufbauen, bis der Hund die gesamte Sequenz komplett beherrscht, bevor er sein Click und seine Belohnung bekommt.

Tipp vom Trainer:

Wenn Sie zu einer Tür kommen und der Hund sich setzt, halten Sie die Leine und Belohnung in der Hand, die näher beim Hund ist. Öffnen Sie die Tür mit der anderen Hand. Wenn Sie die Tür mit der Leine in der Hand öffnen, kann sie sich straffen und den Hund aus seiner Position ziehen. Und wenn Sie die Tür mit einem Leckerchen in der Hand öffnen, kann dies den Hund aus seiner Position locken.

Schritt für Schritt (1–6)

- Gehen Sie zum Tor, stoppen Sie und warten auf ein spontanes Sitz. Click und Belohnung.
- Gehen Sie zum Tor, stoppen Sie und warten auf ein spontanes Sitz. Greifen Sie die Klinke und stoßen die Tür auf, Click und Belohnung.
- Gehen Sie zum Tor, stoppen Sie und warten auf ein spontanes Sitz. Greifen Sie die Klinke und stoßen die Tür auf, warten Sie 2–3 Sekunden. Click und Belohnung.

- Gehen Sie zum Tor, stoppen Sie und warten auf ein spontanes Sitz. Greifen Sie die Klinke und stoßen die Tür auf. Gehen Sie einen Schritt durch die Türöffnung, drehen Sie um. Click und Belohnung.

- Gehen Sie zum Tor, stoppen Sie und warten auf ein spontanes Sitz. Greifen Sie die Klinke und stoßen die Tür auf. Gehen Sie zwei Schritte durch die Türöffnung, drehen Sie um. Click und Belohnung.

Schritt für Schritt (7–8)

- Gehen Sie zum Tor, stoppen Sie und warten auf ein spontanes Sitz. Greifen Sie die Klinke und stoßen die Tür auf. Gehen Sie einen Schritt durch die Türöffnung, locken Sie den Hund mit einem Leckerchen durch das Tor und in ein Sitz auf Ihrer Seite mit der Belohnung. Click und Belohnung. Wenn Sie den Hund anfangs nicht mit einer Belohnung durch das Tor locken, überholt er Sie wahrscheinlich.

- Gehen Sie zum Tor, stoppen Sie und warten auf ein spontanes Sitz. Greifen Sie die Klinke und stoßen die Tür auf. Gehen Sie einen Schritt durch die Türöffnung und geben dem Hund das Signal zu kommen. Locken Sie ihn mit einem Leckerchen durch das Tor und in ein Sitz auf Ihrer Seite mit der Belohnung. Schließen Sie das Tor, Click und Belohnung.

Funktionskreis Futterverhalten

Bei den meisten Hunden ist die Futtermotivation so mächtig, dass sie alles andere überlagert. Sie ist eine grundsätzliche und unverzichtbare Voraussetzung für das Überleben und obwohl unsere Hunde keinen Grund haben, sich vor dem Verhungern zu fürchten, bleibt der starke Instinkt, alles zu fressen, was sich anbietet. Um dem entgegenzuwirken, nutze ich wieder das Spontan-Sitz, das eine Basisfähigkeit im Trainingsrepertoire Ihres Hundes sein sollte.

Futternapf hinstellen: Automatisch hinsetzen

Dies ist eine gute Übung zur Selbstkontrolle für Anfänger. Sie müssen zuerst das Sitzen eingefangen und belohnt haben beziehungsweise der Hund muss gelernt haben, dieses Verhalten als Routine anzubieten.

Traditionell wird diese Übung mit Hilfe der Kommandos „Sitz“ und „Aus“ gelehrt und dann der Napf auf den Boden gestellt. Die natürliche, instinktive Reaktion des Hundes ist aber, zum Futter zu gehen und zu fressen. Wenn Sie „Sitz“ und „Aus“ fordern, managen Sie den Hund; er lernt nicht, sein Verhalten aus freien Stücken zu zeigen.

Bei meinem Ansatz werden wir die Wahl einfangen und belohnen, damit der Hund sich automatisch hinsetzt, wenn der Napf auf den Boden gestellt wird. Dies ermutigt ihn, über sein Verhalten nachzudenken und zu lernen, eine nicht-instinktive Wahl zu treffen.

Für diese Übung verwende ich einen verbalen Marker („Gut“); das ist einfacher als ein Clicker, weil Sie ja eine Futterschüssel halten und Leckerchen geben müssen. Die Belohnung wird auf den Boden gegeben, damit der Hund aus dem Sitzen aufsteht. Dies ermöglicht Ihnen, die Futterschüssel als Signal hinzuzufügen, unmittelbar bevor der Hund sitzt.

Schritt für Schritt

- Markieren und belohnen Sie fünf Mal das Spontan-Sitz.
- Bei der sechsten Wiederholung zeigen Sie dem Hund den leeren Napf und markieren und belohnen Sie, wenn der Hund sich setzt. Um erfolgreich zu sein, muss die Futterschüssel dabei außerhalb der Reichweite des Hundes gehalten werden.
- Wiederholen Sie weitere fünf Mal, dann machen Sie weiter, indem Sie den Napf ein bisschen niedriger halten.
- Wenn der Hund sich auf den Napf zu bewegt, nehmen Sie ihn fort und fangen von vorn an. Halten Sie dabei die Schüssel etwas höher.
- Bleibt der Hund stehen, aber ist ruhig und geht nicht vorwärts, warten Sie ab, wofür er sich entscheidet. Dies ist ein wesentlicher Teil des Trainings, weil der Hund nachdenkt, was er tun soll. Er ist dabei, die Fähigkeit zu entwickeln, nicht gedankenlos auf eine Situation zu reagieren. Er lernt, dass er eine Belohnung bekommen kann, wenn er bewusst eine alternative Wahl trifft. In diesem Stadium ist es sehr verlockend, sich einzumischen und den Hund zu kommandieren oder anzuleiten – geben Sie Ihr Bestes, das zu unterlassen.

Wenn der Hund seine Futterschüssel sieht, entscheidet er sich zum Hinsetzen.

Die Freigabe erlaubt den Zugang zur Belohnung.

- Sobald der Hund sich zuverlässig hinsetzt, wenn Sie die Futterschüssel auf den Boden stellen, können Sie die Übung neu starten – aber nun mit Futter im Napf. Wenn er sich für das Hinsetzen entscheidet, geben Sie ihm, statt zu markieren und zu belohnen, die Erlaubnis zu fressen. Ich verwende das verbale Signal „Hol's dir".

Belohnungsbeutel fallenlassen: Automatisch hinsetzen

Dies ist ein großer Fortschritt gegenüber dem Futterschüsselspiel, weil dieses Mal das Futter fallengelassen und nicht hingestellt wird.

Der Trainingsablauf ist identisch mit dem Platzieren des Napfes, aber es wird ein anderes Objekt verwendet und Bewegung hinzugefügt, d.h. eine intensivere Ablenkung. Das Spiel fördert die Frustrationstoleranz, weil der Hund das Futter nicht selbst aus dem Futterbeutel nehmen kann, während das Futterschüsselspiel der Selbstkontrolle dient. Aus Sicherheitsgründen nehmen Sie einen Beutel aus robustem Segeltuch, der dicht schließt und groß genug ist, dass der Hund ihn nicht verschlucken kann.

Schritt für Schritt

- Markieren und belohnen Sie fünf Mal Spontan-Sitz.

- Bei der sechsten Wiederholung zeigen Sie den Futterbeutel. Wenn der Hund sich setzt, markieren und belohnen Sie. Um erfolgreich zu sein, halten Sie den Beutel außer Reichweite des Hundes.

- Wiederholen Sie fünf Mal und versuchen Sie dann, den Beutel etwas niedriger zu halten, näher am Hund. Markieren und belohnen Sie, wenn der Hund sitzt. Macht er Anstalten, den Beutel zu nehmen, gehen Sie zurück und halten den Beutel wieder höher, bis der Hund sich spontan hinsetzt.

- Bleibt der Hund still stehen, warten Sie ab, wofür er sich entscheidet. Wie beim Futterschüsselspiel ist dies ein wesentlicher Bestandteil des Lernprozesses, weil der Hund sich für eine Option entscheidet. Widerstehen Sie der Versuchung, ihm zu helfen, damit er die „richtige" Entscheidung selbst treffen kann.

- Machen Sie weiter, indem Sie den Leckerchenbeutel tiefer und tiefer halten, bis er auf dem Boden liegt und der Hund ein Spontan-Sitz anbietet. Sorgen Sie in jedem Stadium für Belohnung und Verstärkung des Verhaltens.

- Sobald der Hund verlässlich das Spontan-Sitz anbietet, wenn der Futterbeutel auf dem Boden liegt, steigern Sie die Schwierigkeit. Lassen Sie den Beutel zunächst aus einer Höhe von 15 cm über dem Boden fallen und markieren und belohnen Sie das Spontan-Sitz.

- Steigern Sie allmählich die Fallhöhe und belohnen Sie jedes Stadium.

Dieses Training ist sehr anspruchsvoll, also gönnen Sie Ihrem Hund viele Pausen während des Prozesses.

Funktionskreis Beuteverhalten

Das instinktive Beuteverhalten eines Hundes wird im Allgemeinen durch Bewegung getriggert – der Drang, zur potenziellen „Beute" zu gehen oder sie zu jagen. Bei Haushunden kann diese Reaktion durch irgendetwas hervorgerufen werden, das sich bewegt. Es kann ein Vogel, ein Kaninchen oder ein Eichhörnchen sein oder gleichermaßen etwas, das fallengelassen oder geworfen wurde, oder etwas, das im Wind weht.

Um dieser Reaktion zuvorzukommen, habe ich ein Spiel entwickelt, welches das instinktive Verhalten – auf die Bewegung zuzulaufen – so ändert, dass der Hund lernt, sich als Antwort auf die Bewegung zurückzulehnen.

Bei Bewegungen automatisch hinsetzen

Einen Ball werfen

Dies ist keine Übung, die mit einem Signal belegt wird; also fangen wir nicht damit an, irgendetwas vom Hund zu fordern. Wir gehen zurück zum Einfangen und Belohnen des spontanen Sitzens, wie es der Hund im Basistraining gelernt und im Selbstkontrolltraining vertieft hat, als ihm die Futterschüssel auf dem Boden das Signal zum Sitzen gegeben hat. In diesem Spiel führen wir Bewegung und Geschwindigkeit ein.

Bei der Arbeit an dieser Übung muss die erste Bewegung von *Ihnen* kommen. Um erfolgreich zu sein, müssen Sie dem Hund beibringen, wenn Sie vortäuschen, etwas zu werfen. Es ist überraschend zu sehen, wie viele Hunde durch Wiederholung gelernt haben, allein durch eine Armbewegung zum Losrennen animiert zu werden.

Schritt für Schritt

- Wir beginnen damit, das Hinsetzen einzufangen und zu belohnen. Wenn Sie clicken und belohnen, geben Sie das Leckerchen auf den Boden, damit der Hund jedes Mal wieder aufsteht. (Im wirklichen Leben wird ein Hund niemals sitzen, wenn sich eine Jagdgelegenheit bietet.)

- Ihre Bewegung – normalerweise eine Ablenkung – soll jetzt ein Signal zum Sitz werden. Fangen Sie fünf Mal das Sitz ein, dann fügen Sie unmittelbar vor dem sechsten Sitz eine Armbewegung hinzu. In diesem Stadium wird der Hund sitzen, rennen oder ein Verhalten anbieten, das mit einem visuellen Signal belegt ist. Wir möchten aber ein Sitz. Setzt der Hund sich nicht, reduzieren Sie Ihre Kriterien und führen eine langsamere oder subtilere Bewegung aus.

- Schreiten Sie allmählich bis zu einer realen, natürlichen Wurfbewegung fort. Überlegen Sie, wie Sie sich normalerweise bewegen. Beispielsweise gehen Sie gleichzeitig mit der Armbewegung einen Schritt voraus. Wir unterrichten den Hund darin, sein kognitives und nicht sein instinktives Gehirn zu nutzen. Dies bildet neue Verknüpfungen und braucht Übung, genauso als würden wir Menschen eine kognitive Verhaltenstherapie oder ein Achtsamkeitstraining durchführen, um weniger emotional und aufmerksamer zu werden.

- Im nächsten Schritt führen Sie ein Spielzeug ein. Wenn Sie einen Hund haben, der ball- oder spielzeugverrückt ist, müssen Sie Ihre Kriterien

Tipp vom Trainer

Vergessen Sie nicht die Trainingspausen. Es ist wichtig, dass der Hund Erfolg hat und das Lernen genießt, also lassen Sie nicht zu, dass er übermüdet wird.

hier sehr niedrig ansetzen. Fangen Sie zuerst das Sitz ein, wenn Sie das Spielzeug aus der Tasche ziehen und bauen allmählich weiter auf bis zu einer Bewegung der Hand und so weiter. Ich empfehle, dass Sie hier anfangs einen Ball am Seil einsetzen – den Grund dafür werden Sie gleich verstehen.

- Geben Sie vor, den Ball zu werfen, behalten Sie ihn aber fest in der Hand. Wir sehen nun eine körperliche Bewegung von Ihnen mit einem Spielzeug in der Hand. Clicken und belohnen Sie das Sitz und denken Sie daran, das Leckerchen zu werfen, damit Sie nach jeder Wiederholung neu starten können.

- Nun positionieren Sie sich so zwischen Hund und Ball, dass er neben der Hand ohne Ball sitzt.

- Wenn Sie einen Ball am Seil benutzen, können Sie ihn fallenlassen, aber am Seil festhalten. Dann können Sie den Ball schnell hochziehen, wenn Ihr Hund versucht, ihn sich zu schnappen. So stellen Sie sicher, dass er nicht für einen Fehler belohnt wird.

- Sie werden nun einen verbalen Marker einführen müssen, weil ab jetzt das Hantieren von Ball, Clicker und Belohnungen schwieriger wird.

- Warten Sie, bis der Hund sitzt, bevor Sie den Ball loslassen, damit es eine Pause zwischen der Wurfaktion und dem Fallen des Balls bis zum Seilende gibt. Abhängig vom Erfolg können Sie nun bis zu einer fortlaufenden Bewegung steigern. Vergessen Sie nicht, jeden Teilschritt zu markieren und zu belohnen.

- Als Nächstes lassen Sie den Ball erst fallen, wenn der Hund sich auf Ihre Armbewegung hin setzt. Sie können den Ball aufnehmen, sobald der Hund losläuft, um sich Ihre geworfene Futterbelohnung zu holen.

- Läuft der Hund zum Ball, sollten Sie ihn aufnehmen können, weil Sie näher dran sind. Starten Sie die Übung von vorn. Sie müssen den Ball wahrscheinlich aus einer geringeren Höhe fallenlassen, um Erfolg zu haben.

- Nun können Sie dazu übergehen, den Ball fallenzulassen, während der Hund noch auf den Beinen ist, sodass der Ball fällt, bevor er sitzt.

1. Anfangs testen Sie den Hund, indem Sie vorgeben, etwas zu werfen. Dies ist sein Signal, sich hinzusetzen.

2. Wiederholen Sie dies, aber nun mit einem Spielzeug in Ihrer Hand.

3. Nun täuschen Sie vor, das Spielzeug zu werfen. Dies sollte ein Sitz auslösen. Dann lassen Sie den Ball bis zum Ende des Seils fallen.

4. Schließlich werfen Sie das Spielzeug, während der Hund auf den Beinen ist. Er sollte sitzen, wenn der Ball den Boden berührt.

- Denken Sie daran, nach dem Erfolg eine Pause einzulegen, damit das Training leicht ist und dem Hund Spaß macht.

- Jetzt folgt der komplette Wurf des Balls. Der Hund soll auf seinen Füßen stehen und zuschauen, wenn Sie den Ball werfen. Er lernt nun, sich hinzusetzen, wenn etwas geworfen wird und seinen instinktiven Wunsch hinterherzujagen, zu kontrollieren.

- Lassen Sie nun Variationen folgen: Wie Sie werfen und was Sie werfen, um eine Generalisierung zu erzielen.

Ballschleuder

Eine Ballschleuder ist ein Plastikgriff, der an einem Ende einen Ball aufnehmen kann. Es sind lange und kurze Schleudern erhältlich, ich empfehle die lange Größe. Meistens werden sie mit einem Tennisball geliefert, der sich gut für unser Training eignet. Sie können diesen auch durch einen Moosgummiball ersetzen, der besser springt und für Ihren Hund eine größere Ablenkung darstellt. Auch lässt er sich weiter werfen, sodass wir die Dauer des Verhaltens verlängern können.

Dieses Spiel ist eine Fortführung des Ballwerfens (siehe oben), aber die Ballschleuder ist vielseitiger. Sie können damit:

- über Kopf werfen,

- den Ball aufprallen lassen,

- den Ball seitwärts und dicht über dem Boden werfen, sodass er aufprallt. Dies ist die größte Herausforderung.

Das Ziel ist, dass Ihr Hund sich automatisch hinsetzt und sitzenbleibt, während Sie den Ball werfen. Markieren und belohnen Sie dieses Verhalten, indem Sie ein Leckerchen werfen. Dies steigert die Erregung und ermöglicht auch den Neustart für die nächste Wiederholung.

Anmerkung: Wenn Sie schon früher mit der Ballschleuder gespielt haben, hat Ihr Hund ein Verhaltensmuster damit verknüpft. Ist dies der Fall, müssen Sie damit anfangen, nur den Arm zu bewegen, d.h. den Ball nicht freizugeben, und dies zu loben, bevor Sie fortschreiten.

Reizangeln zur Frustrationstoleranz

Es gibt viele Verwendungsmöglichkeiten für eine Reizangel. Am häufigsten wird sie dafür genutzt, das Verfolgen und die Motivation aufzubauen. Erst danach denken die Leute daran, diese Verhaltensweisen zu kontrollieren.

Wir wissen, dass das erste Lernen am stärksten ist. Daher ziehe ich es vor, dass die Hunde zuerst lernen nur zu jagen, wenn es ihnen erlaubt wird, und vorher nicht jagen dürfen. Erinnern Sie sich an die „Nimm es"- oder „Lass es"-Denkweise (Kapitel 9).

Es gibt verschiedene Versionen von Reizangeln. Die Angeln mit einem Gummizug eignen sich gut als Belohnung für die Standard-Selbstkontrolle und das Erregungstraining, bei dem der Hund mit dem belohnt wird, was er möchte.

Allerdings lernt man so keine Frustrationstoleranz. Für instinktive Jäger und Hunde, die während Arbeit oder Spiel in Jagdsituationen geraten können, brauchen Sie einen anderen Ansatz für das hochwichtige erste Lernen. Der Hund muss lernen, dass es einige Dinge im Leben gibt, die er nicht haben kann und Strategien entwickeln, um damit klarzukommen.

Ich benutze eine zweiteilige Reizangel, an deren Ende ein fedriges oder felliges Spielzeug befestigt ist. Man kann es perfekt im Gras verstecken und herausschnellen lassen, wenn der Hund den Boden absucht; dann simuliert es das Auftauchen eines Tieres, das der Hund wahrscheinlich jagen wird. Es ist nicht leicht, eine Reizangel drinnen zu verwenden, besonders wenn Sie sie plötzlich hochreißen möchten, um das Auffliegen eines Vogels zu simulieren. Auch ist es draußen einfacher, das Spielzeug zu verstecken und ein Überraschungselement einzubauen. Bei der Arbeit im Haus können Sie eine kürzere Standardreizangel verwenden und diese nur auf dem Boden bewegen. Hier kommt es zu den häufigsten Problemen, weil sich aus Sicht des Hundes die Ablenkung in seiner Reichweite befindet.

In der folgenden Übung benutze ich eine Reizangel. Auch hier ist es viel leichter, wenn Sie einen verbalen Marker statt eines Clickers einsetzen.

Perfektionieren Sie zuerst Ihre Fähigkeiten in der Handhabung der Reizangel – ohne Hund!

Markieren und belohnen Sie das Spontan-Sitz, wenn sich das Spielzeug auf dem Boden befindet.

Nun fügen Sie Bewegung hinzu, wenn der Hund auf den Beinen ist. Er sollte ein spontanes Hinsetzen anbieten, weil er weiß, dass Sie eine Belohnung werfen werden.

Schritt für Schritt

- Der beste Einstieg in das Reizangeltraining erfolgt ohne den Hund! Trainieren Sie Ihre motorischen Fähigkeiten und probieren Sie verschiedene Bewegungen aus. Steigern Sie Geschwindigkeit und Flüssigkeit der Bewegungen. Sie müssen auch lernen, die Angel hochzuschnellen und das Spielzeug am Ende selbst zu fangen! Dies ist notwendig, wenn Sie Ihre Kriterien versehentlich zu schnell erhöhen oder zu lange arbeiten und der Hund zum Spielzeug rennt. Sie können auch üben, die Reizangel zu bewegen, zu markieren und ein Leckerchen zu werfen.

- Sobald Sie Ihre eigenen Reizangelfertigkeiten vervollkommnet haben, bringen Sie den Hund ins Spiel! Fangen Sie damit an, die Reizangel mit dem befestigten Spielzeug einfach zu halten und das Spontan-Sitz zu markieren und zu belohnen.

- Nun lassen Sie das Spielzeug auf den Boden fallen. Markieren und belohnen Sie durch Futterwerfen. Dies bringt den Hund zum Aufstehen und Bewegen und sorgt für einen Adrenalinschub und ein höheres Erregungslevel.

- Als Nächstes soll sich das Spielzeug auf dem Boden bewegen. Sie können es zappeln oder zucken lassen wie ein Fisch auf dem Trockenen. Das Ziel für den Hund ist, Sie anzuschauen, das Spielzeug zu ignorieren und ein Spontan-Sitz anzubieten. Belohnen Sie es, indem Sie ein Leckerchen werfen.

- Weiter geht es mit Bewegungen des Spielzeugs über den Boden, wenn der Hund in der Nähe ist. Im Idealfall sollte dies in der Augenlinie des Hundes passieren. Erhöhen Sie die Geschwindigkeit und bewegen das Spielzeug näher zum Hund. Sie können es auch wie einen Vogel in die Luft hochziehen. Auf diese Weise imitieren Sie verschiedene Bewegungsformen der Beute: Vögel fliegen auf, Kaninchen, Hasen und Rehe laufen über den Boden. Eichhörnchen laufen erst über den Boden und klettern dann hoch – also trainieren Sie auch diese Bewegung. Bauen Sie alles schrittweise auf und belohnen und verstärken Sie jedes spontane Hinsetzen.

- Wenn der Hund versucht zu jagen, reißen Sie das Spielzeug hoch und fangen es, damit er es nicht bekommt. Die beiden hauptsächlichen Fehlerquellen sind zu schnelles Erhöhen der Kriterien oder zu langes Training. Daher starten Sie erneut mit gesenkten Kriterien oder gönnen Sie dem Hund vor dem nächsten Versuch eine Pause.

Hat Ihr Hund eine starke Jagdmotivation, zeigt er Selbstkontrolle durch das Hinsetzen statt das Spielzeug an der Reizangel zu jagen. Mit dem Werfen des Leckerchens ermöglichen Sie ihm aber das Jagen und eine Belohnung. So lernt der Hund bei diesem Ansatz, dass das fellige Etwas am Ende der Reizangel nicht für ihn bestimmt ist – aber er kann losrennen und sich eine Belohnung holen.

11 Exekutive Funktionen

Die Fähigkeit, Gedanken und Emotionen zu kontrollieren, ist die Basis für das Erfüllen einer Aufgabe – sei es eine einfache Obedience-Übung für Haushunde, das Überwinden von zwanzig Hindernissen im Agility-Parcours oder das Bringen erlegten Wildes. Dafür muss ein Hund:

- mit internen und externen Ablenkungen umgehen,
- verarbeiten, was vor sich geht,
- sein Arbeitsgedächtnis einschalten, um korrekt zu reagieren; dazu gehört auch, zwischen Aktivitäten umzuschalten,
- „unangemessenes" Verhalten unterdrücken.

Zusammengefasst bezeichnet man dies als exekutive Funktionen, und diese schließen drei lebenswichtige Elemente der Selbstkontrolle ein:

Anhaltende Aufmerksamkeit: Dies ist die Fähigkeit, die zielgerichtete Aufmerksamkeit unabhängig von Veränderungen in der Umgebung beizubehalten, d.h. sich auf die Aufgabe zu konzentrieren und Ablenkungen herauszufiltern.

Aufgabenwechsel: Dieses Element, auch bekannt als kognitive Flexibilität, erlaubt dem Hund, von einer Aufgabe zur nächsten umzuschalten.

Reaktionshemmung: Sie umfasst das Unterdrücken natürlicher und instinktiver Reaktionen auf Reize.

Die Fähigkeit zum *Stop and Go* beinhaltet exekutive Funktionen, die detailliert in *Kapitel 8: Mit Ablenkungen umgehen* (s.S.135) aufgeführt sind. In diesem Kapitel habe ich eine Reihe von Spielen vorgestellt, um diese Fähigkeiten zu entwickeln.

Karate K9

Dieses Spiel fördert die Ausbildung eines ganzkörperlichen Zuhörens, um die exekutiven Funktionen zu verbessern. Es bedeutet, dass der Hund mit seinem ganzen Körper hört – nicht nur mit seinen Ohren. Um auf ein Signal zu antworten und effektiv zu reagieren, muss der Hund seinen Körper ruhig halten, zuhören, beobachten und sich in einem Zustand der Ruhe und Selbstkontrolle befinden, um die Information mental zu verarbeiten. Dies schließt die antizipatorische Ruhe ein (s. S. 93).

Ich möchte dieses Ausmaß an Fokus – und physischer und kognitiver Kontrolle – bevor ich meinen Hund zur Leistung auffordere. Dies kann bei mir das Arbeiten mit einer Treiberlinie oder das Vorausschicken des Hundes zur Beutesuche sein. Sie brauchen es auch beim Warten an der Startlinie im Agility oder bei einem Obedience-Turnier. Das Maß an Fokus und Kontrolle wird die Leistung beeinflussen. Hunde, die jaulen, vorwärtskriechen oder herumzappeln, zeigen Symptome von Frustration; wir wollen aber die volle Kontrolle der Hirnrinde. Der Name des Spiels – K9 Karate – stammt aus einem Film der 1980er Jahre, *The Karate Kid*, in dem Mr. Miyagi genau diese Fähigkeiten Daniel La Russo lehrte.

Wir arbeiten hier am Fokus – der mentalen Vorbereitung, die notwendig ist, um eine Aufgabe zu erfüllen. Für dieses Spiel setze ich das Podest ein, um Erregung zum Startsignal hinzuzufügen. Das Ziel für den Hund ist, in Antizipation zu warten und die Belohnung hinauszuzögern. Er muss Ihnen mit seinem ganzen Körper zuhören:

- Augen – beobachten (Fokus)
- Ohren – hören (Hören)
- Körper – unbeweglich (motorische Kontrolle)
- Stimme – ruhig (kognitive Kontrolle)

Der Hund ist auf Sie fokussiert; er ist ruhig und still und wartet auf das Startsignal. Dies ist anhaltende Aufmerksamkeit.

Wenn Sie das Startsignal „Los“ geben, können Sie variieren, wie Sie die Belohnung geben:

Leckerchen auf dem Podest zu füttern, erhöht den Wert des Podestes und belohnt die Entscheidung, die Position zu halten.

Snacks oben – Information

Wenn Sie eine neue Ablenkung hinzufügen und der Hund bleibt, können Sie auf dem Podest direkt ins Maul füttern. Dies hält den Hund in einem kognitiven Status und sagt ihm, dass er es richtig gemacht hat.

Snacks unten – Motivation

Lassen Sie den Hund das Podest verlassen, müssen die Belohnungen beschäftigen und aktivieren – wie beispielsweise Futter einzusammeln oder zu fangen, das Apportieren eines Balls oder ein Zerrspiel. Dies fördert die Erregung und die Motivation, das Verhalten zu wiederholen.

Ein geworfenes Leckerchen ist aufregender und motiviert den Hund, das Verhalten zu wiederholen.

Denken Sie daran, dass das Freigabesignal kein Zeichen für den Hund ist, wegzulaufen und sein eigenes Ding zu tun. Es ist die Freigabe aus einer statischen Position zu einer aktiven, hochwertigen Belohnung, die *Sie* geben. Dies bedeutet auch einen Aufgabenwechsel von Ruhe zu Bewegung.

Dieses Verhalten kann durch Ablenkungen gefestigt werden und zeigt auf diese Weise die Fähigkeit des Hundes, seine Position beizubehalten und auf das Startsignal zu warten. Es ist eine Übung zur Selbstkontrolle, bei der die Umgebung und Situation das Spiel anspruchsvoller machen.

Das Ziel ist, Erregung aufzubauen und die Fähigkeit des Hundes, ruhig zu bleiben, während sein Körper für die Aktion vorbereitet ist (Antizipation der Belohnung). In vielen Situationen, in denen der Hund ruhig oder kontrolliert sein soll, ist sein Körper bereit für Aktionen (normalerweise bei Kampf-, Flucht- oder Jagdreaktionen).

Die Antizipation einer aktiven Belohnung kann diese Art an Reaktionen simulieren und der Hund lernt, seine Impulsivität zu kontrollieren.

Schritt für Schritt

- Starten Sie mit einem kurzen Aufenthalt auf dem Podest. Dann geben Sie den Hund frei, markieren und belohnen mit einem Ball, einem Zerrspiel oder geworfenem Futter. Achten Sie darauf, dass sich die Belohnung in Ihrer Tasche befindet und erst nach der Freigabe des Hundes erscheint.

- Warten Sie, bis der Hund von selbst seine Position auf dem Podest wieder einnimmt – locken Sie ihn nicht und geben kein Signal. Der Hund soll zeigen, dass er wieder startbereit und motiviert ist, die Übung für seine Belohnung zu wiederholen.

- Sobald der Hund zurück auf dem Podest ist, warten Sie ein paar Sekunden, dann geben Sie frei und belohnen. Denken Sie daran, die Reaktion auf das Freigabesignal zu markieren und dann zu belohnen.

Visuelle Ablenkung

- Sie können allmählich damit anfangen, ein Spielzeug als Ablenkung einzusetzen, indem Sie es in der Hand halten und vielleicht bewegen, bevor Sie das Freigabesignal geben. Sie können anschließend mit dem Spielzeug oder Futter belohnen. Steigern Sie nach und nach die Ablenkung und stellen sicher, dass der Hund erfolgreich bleibt.

- Dann nehmen Sie sich selbst als Ablenkung und führen kurze schnelle Bewegungen aus.

- In diesem Stadium können Sie die Belohnung auch variieren: Füttern Sie den Hund direkt mit einigen Leckerchen vor der Freigabe (Snacks oben), wenn er die Position gehalten und nicht auf die Ablenkung reagiert hat.

- Wenn er sich bewegt, fangen Sie einfach von vorne ab. Es kann sein, dass Sie ihn ermutigen müssen, auf das Podest zu gehen oder sich hinzusetzen, wenn er zurückgeht. Der Schlüssel ist, so zu arbeiten, dass es zum Hund passt, damit er wählen kann, ohne Ihre Hilfe auf dem Podest zu bleiben.

- Es gibt nun zwei Herausforderungen für die Kontrollfähigkeit des Hundes:

  › Das Erregungsniveau des Hundes nach Rennen und Aufregung (interne neurochemische und physiologische Veränderungen).

  - › Die Ablenkung durch Sie und das Spielzeug (externe Umgebungsablenkung).

- Wird der Hund sehr erregt, erkennbar an erweiterten Pupillen und Hecheln, senken Sie das Ablenkungsniveau ein bißchen.

- Wenn der Hund auf das Podest zurückgeht, aber Schwierigkeiten hat, sich hinzusetzen, warten Sie ab. Er ist so erregt, dass er kämpfen muss, um seinen körperlichen und mentalen Status zu kontrollieren. Fügen Sie keinen zusätzlichen Druck hinzu, indem Sie nörgeln und darauf bestehen, dass er sich setzt. Geben Sie ihm stattdessen Zeit, um seine Erregung zu dämpfen, damit er auf ein Niveau zurückkehrt, auf dem er seinen mentalen und körperlichen Status kontrollieren kann. Dies ist der wichtigste Teil der Übung. Der Hund ist über seine Grenzen gegangen und muss nun lernen, sich selbst so zu managen, dass er wieder unter der Grenze bleibt – die wahre Entwicklung der Selbstkontrolle.

Wenn der Hund überregt ist und Schwierigkeiten hat, das gewünschte Verhalten zu zeigen, geben Sie ihm die Chance, sich zu beruhigen, damit er die Informationen wieder verarbeiten kann.

- Sie können damit weitermachen und das Spielzeug fallenlassen und werfen, bevor Sie den Hund freigeben. In diesem Stadium wird er wahrscheinlich der Ablenkung hinterherlaufen. Sie können dies antizipieren, indem Sie das Freigabesignal geben und sofort das Apportierkommando „Nimm es" anschließen – weil es sowieso passieren wird.

- Bilden Sie Dauer aus und zögern Sie das Freigabesignal nach dem Werfen des Spielzeug allmählich immer ein bißchen länger hinaus.

- Nun versuchen Sie, auf das Spielzeug zuzugehen: ein Schritt, Freigabe, zwei Schritte, Freigabe. Arbeiten Sie daran, bis Sie zum Spielzeug gehen können und es aufnehmen, bevor Sie den Hund freigeben.

- Nun kehren Sie dazu zurück, das Freigabesignal zu geben und direkt mit dem Spielzeug oder mit Futter zu belohnen. Dies bildet Frustrationstoleranz, weil der Hund das geworfene Spielzeug nicht bekommt; stattdessen bekommt er die Belohnung von Ihnen.

Verbale Ablenkung (weißes Rauschen)

- Sie sind nun soweit, um eine verbale Ablenkung oder „weißes Rauschen" hinzuzufügen. Sie können dafür Wörter benutzen, die für den Hund keine Bedeutung haben und er sie demzufolge ignorieren sollte. Das Spiel ist großartig, um das Verhalten auf Signale zu überprüfen und die Fähigkeiten zu entwickeln, zuzuhören und auf bestimmte Signale zu reagieren. Es ist eine Herausforderung, ähnlich klingende Worte zu Ihrem Freigabesignal zu verwenden, beispielsweise statt „Fertig" nun Rettich oder Herd!

- Haben Sie Erfolg mit visuellen und verbalen Ablenkungen, können Sie beides kombinieren. Werfen Sie beispielsweise das Spielzeug (visuelle Ablenkung), fügen weißes Rauschen hinzu (verbale Ablenkung) und geben dann das Freigabesignal.

- Macht der Hund an irgendeinem Punkt Fehler, müssen Sie Ihre Kriterien herabsetzen. Die Erfolgsrate sollte hoch sein, damit das Lernen eine positive emotionale Erfahrung für den Hund ist.

Memory spielen

In diesem Spiel testen wir die exekutiven Funktionen mit dem Ziel, die Gedächtnisleistung zu verbessern. Wir arbeiten dabei an folgenden Elementen:

Arbeitsgedächtnis: das Kurzzeitgedächtnis nutzen

Flüssigkeit des Abrufens: Informationen abrufen

Aufgabenwechsel: Von einer Aktivität zur anderen wechseln, bekannt als kognitive Flexibilität

Dieses Spiel eignet sich hervorragend für Hunde jeden Alters, weil es hilft, Konzentration und Fokus aufzubauen. Es ist eine kognitive Herausforderung, die einen ruhigen Fokus und die Fähigkeit zum Herausfiltern von Ablenkungen benötigt. Das Ziel des Spiels ist eine Verbesserung des Arbeitsgedächtnisses, das dem Kurzzeitgedächtnis entspricht, und der Flüssigkeit des Abrufens, d.h. der Fähigkeit, Informationen aus dem Langzeitgedächtnis abzurufen.

Sie benötigen drei größere Pappbecher und eine Station (das kann eine Matte, ein Podest oder eine Plattform sein), ein paar Belohnungen und einen Tennisball oder ein kleines Spielzeug, das unter den Pappbecher passt. Für dieses Beispiel verwende ich ein Podest.

Schritt für Schritt

- **Geduldig warten mit Ablenkungen:** Beginnen Sie mit einem Sitz-Bleib auf dem Podest. Nun gehen Sie fort und platzieren etwa zwei Meter vor dem Hund drei Becher auf dem Boden mit etwa einem Meter Abstand voneinander. Freigabe und Belohnung, wenn der Hund seine Position hält. Sie fangen jeden Fortschritt wieder mit dem Hund auf dem Podest an. Gehen Sie beispielsweise fort, drehen sich um und geben den Hund frei. Gehen Sie fort, stellen einen Becher auf, drehen um und geben den Hund frei.

- ***Geduldig warten und beobachten:*** Der Hund befindet sich im Sitz-Bleib auf dem Podest, während Sie fortgehen, die Becher aufstellen und zur Seite des Hundes zurückkehren. Sie können ihn nach ein paar Sekunden freigeben und aus Ihrer Tasche belohnen.

- **Geduldig warten, beobachten und erinnern:** Der Hund befindet sich im Sitz-Bleib auf dem Podest, während Sie fortgehen, einige Belohnungen unter einem Becher verstecken und zur Seite des Hundes zurückkehren. In diesem Stadium schlage ich Futter als Belohnung vor, weil dies weniger erregend wirkt als Spielzeug und daher dem Hund hilft, ruhig und fokussiert zu bleiben.

- Geben Sie ihn nach ein paar Sekunden frei und schicken ihn los– „Hol's Dir" –, um sich die Leckerchen unter dem Becher hervorzuholen.

- Wiederholen Sie die Übung mit verschiedenen Bechern, bis der Hund sich zuverlässig die Belohnung holt. Sie versuchen nicht, ihn auszutricksen, sondern ermutigen ihn, sich zu fokussieren, zu beobachten und zu erinnern. Wenn Sie die Übung vorbereiten, denken Sie daran, sich gegenüber den Bechern zu positionieren, damit der Hund deutlich sehen kann, was Sie tun.

- Läuft der Hund zum falschen Becher, brechen Sie das Spiel ab. Er soll nicht weitersuchen und dafür belohnt werden. Es ist eine visuelle Gedächtnisaufgabe, daher sollte er geradewegs auf den richtigen Becher zulaufen und dafür belohnt werden. Wenn er sich irrt, entfernen Sie einfach die Leckerchen und starten von vorn. Denken Sie an Ihre Position (siehe oben), um ihm jede Chance auf Erfolg zu geben. In diesem frühen Stadium können Sie ihn auch ein bisschen führen, um den Erfolg sicherzustellen.

- Wenn Sie schon einmal ein ähnliches Suchspiel gespielt haben, bei dem der Hund seine Nase benutzen musste, müssen Sie jetzt Becher benutzen, die keine Ähnlichkeit mit den Objekten haben, die Sie bereits für Suchspiele verwendet haben. Der Grund dafür ist, dass der visuelle Hinweis das Riechverhalten triggern kann – dies ist aber ein visuelles Gedächtnisspiel. Nehmen Sie auch ein anderes verbales Signal, damit dem Hund klar ist, dass er ein anderes Spiel spielt.

- **Geduldig warten, länger beobachten:** Haben Sie eine gute Erfolgsrate damit, dass der Hund direkt zum richtigen Becher geht, fügen Sie Dauer hinzu und verlängern die Zeit, die er vor der Freigabe auf dem Podest warten muss.

- **Geduldig warten, länger beobachten und erinnern:** Sie können die Schwierigkeit steigern, indem Sie die Leckerchen unter einem Becher verstecken und den Hund vom Podest und entfernt von den Bechern locken. Warten Sie ein paar Augenblicke, kehren um und lassen den Hund wieder auf dem Podest, gegenüber den Leckerchen, sitzen. Nun schicken Sie ihn zu den Belohnungen.

- **Geduldig warten, länger beobachten, erinnern und Aufgabe wechseln:** Nach dem Platzieren der Belohnung locken Sie den Hund vom Podest und lassen ihn eine andere einfache Aktivität ausführen, wie Sitz oder Platz, bevor Sie zum Podest zurückkehren und ihn dann losschicken, um die Leckerchen zu finden.

- Haben Sie eine gute Erfolgsrate, können Sie versuchen, schwierigere Aufgaben einzufügen wie Bei-Fuß-gehen, Tricks mit statischer Dauer (z.B. Verbeugen, Männchen oder Bleiben) oder aktive Tricks (z.B. sich rollen oder im Kreis drehen). Es ist okay, den Hund für die andere Aktivität zu belohnen. Das Ziel ist, dass der Hund die Fähigkeit entwickelt, sich zu erinnern, sogar wenn er einen Aufgabenwechsel durchführen sollte.

- Sie können auch an der Motivation arbeiten, indem Sie die Leckerchen unter dem Becher durch ein Spielzeug wie einen Tennisball ersetzen. Die Motivation oder Belohnung hat großen Einfluss auf die Reaktion des Hundes. Wenn die versteckte Belohnung zu gering ist, wird der Hund sie über eine andere Aufgabe schnell vergessen. Ist sie zu groß, wird er sich zwar erinnern, aber Mühe haben, sich auf die aktuelle Aufgabe zu konzentrieren.

- Um fokussieren, sich erinnern und die Aufgabe wechseln zu können, ist ein hohes Niveau an Können erforderlich, das gelernt werden muss. Hunde, die gezüchtet wurden, um ihre Nasen zu benutzen, haben dabei größere Schwierigkeiten als visuell orientierte Rassen wie Hütehunde und Windhunde.

Viele Hunde finden das Spiel anfangs schwierig – eine leichte Konzentrationsschwäche führt zum Fehler. Daher halten Sie das Spiel in den Anfangsstadien leicht, um den Erfolg sicherzustellen – und heben Sie die Kriterien nicht zu schnell an.

1. Positionieren Sie den Hund auf dem Podest und stellen drei Becher vor ihn hin.

2. Lassen Sie den Hund zuschauen, während Sie eine Belohnung unter einem der Becher verstecken.

3. Stellen Sie sich hinter das Podest und schicken den Hund, um das Leckerchen zu finden.

4. Platzieren Sie das Leckerchen und lassen den Hund eine Aufgabe erfüllen, wie ein Durchfädeln durch die Beine, bevor Sie ihn schicken, um das Leckerchen zu finden.

Der Umschalt-Ninja

Diese Aktivität ist eine Steigerung von Karate K9 und arbeitet an folgenden Elementen der exekutiven Funktion:

Anhaltende Aufmerksamkeit: Die fokussierte Aufmerksamkeit unabhängig von Veränderungen in der Umgebung aufrechterhalten. Dies umfasst die Fähigkeit, sich zu fokussieren und Ablenkungen herauszufiltern.

Aufgabenwechsel: Von einer Aufgabe zur anderen umschalten.

Reaktionshermmung: Natürliche und instinktive Reaktionen auf Reize unterdrücken.

In diesem Stadium haben Sie ein Bleib und die Freigabe trainiert und dessen Schwierigkeit durch aktive Belohnungen gesteigert. Sie haben auch ein ruhiges Verhalten mit Dauer (s. S. 99) geübt und das Schwanzwedeln entweder mit Kinn- oder Nasentarget (s. S. 110) oder das Müde (s. S. 107) geübt.

Nun schreiten wir zum Aufgabenwechsel zwischen Ruhe und aktiver Belohnung fort. Dies ist viel anspruchsvoller als ein Bleib mit Freigabe, weil die Ruhe mehr motorische und mentale Kontrolle benötigt. Hier wechselt der Hund zwischen sehr unterschiedlichen mentalen und motorischen Zuständen.

- Beginnen Sie mit fünf Wiederholungen des ruhigen Verhaltens, belohnt mit Futter. Sie können in diesem Stadium den Hund zum Ruheverhalten auffordern, aber passen Sie auf, das Signal nicht zu wiederholen, wenn der Hund nicht sofort reagiert.

- Steigern Sie das Erregungsniveau durch Futterwerfen, eventuell werfen Sie mehrere Leckerchen nacheinander. Wenn die Erregung wächst, ist es schwieriger für den Hund, zwischen dem aktiven und „eingefrorenen“ Verhalten zu wechseln und er braucht Zeit zum Nachdenken und fokussieren. Seien Sie daher geduldig, erlauben Sie ihm Fortschritte zu machen und erfolgreich zu sein. Dies ist ein sehr wichtiger Teil der Übung.

- Nach ein paar Wiederholungen lassen Sie den Hund das ruhige Verhalten von allein anbieten – geben Sie nur Ihr Signal, wenn Sie glauben, der Hund wisse nicht, was er tun soll.

Starten Sie mit dem Belohnen eines ruhigen Dauerverhaltens wie dem Handtouch. Üben Sie so lange, bis Sie dafür kein Signal mehr geben müssen.

Nun aktivieren Sie die Belohnung, beispielsweise werfen Sie ein Leckerchen, und warten dann, bis der Hund von selbst den Handtouch anbietet.

- Nun können Sie Ihre Belohnung gegen ein Spielzeug tauschen; dies kann ein Zerrspielzeug oder etwas zum Apportieren sein. Je nachdem, was Ihren Hund mehr stimuliert, starten Sie mit der leichteren, weniger aufregenden Belohnung. Denken Sie daran, dass es auch sehr aufregend sein kann, gut geworfenes Futter zu jagen. Die Hauptsache ist, dass die Belohnung aktiv und aufregend ist und im Gegensatz hierzu, das Verhalten (Ruhe) tiefe Konzentration und Fokus erfordert.

- Halten Sie die Wiederholungen dieser Aktivität kurz, weil der Hund erst die Fähigkeiten aufbauen muss. Wenn die Sitzungen zu lang sind, wird er Fehler machen. Beobachten Sie sorgfältig, wie lange er ruhig sein kann und achten Sie auf die Augen, den Schwanz und das Maul.

Fazit

Wenn Sie die oben aufgeführten Spiele spielen und stetig üben, sollte Ihr Hund die volle Bandbreite an exekutiven Funktionen ausbilden: das Arbeitsgedächtnis, die Flüssigkeit des Aufgabenwechsels, die anhaltende Aufmerksamkeit und die Reaktionshemmung. Die Fähigkeit zu diesen Leistungen ermöglicht dem Hund Selbstkontrolle in einer Vielzahl unterschiedlicher Situationen und sein Verhalten wird zunehmend verlässlicher.

Beispielsweise müssen meine Jagdhunde Erinnerungen abrufen und zwischen Aufgaben wechseln, in denen sie jagen, apportieren, warten, bei Fuß gehen, mir zuhören und die Umgebung beobachten müssen. Sie müssen sich auf mich, ihren Job und die Umgebung fokussieren, ohne abgelenkt zu werden. Dabei müssen sie die Regeln beachten und dürfen nicht kopflos auf die Impulse reagieren, die durch hoch stimulierende Situationen getriggert werden.

Wiederholung oder Praxis dieser Fähigkeiten ist unabdingbar, damit sie auf der Leistungsebene oder in neuen, herausfordernden Situationen effektiv sind. Wir wollen, dass unsere Hunde ihre Impulse unterdrücken und sich für etwas anderes entscheiden, das wir Menschen akzeptabel und angemessen finden.

12 Selbstkontrolle im wirklichen Leben

Wenn Sie sich durch die Probleme der Selbstkontrolle arbeiten, können Faktoren auftauchen, die das Verhalten Ihres Hundes beeinflussen und ihm – sofern Sie keinen Plan B haben – die Gelegenheit bieten, genau das Verhalten auszuprobieren, das Sie kontrollieren möchten.

Wenn… dann

Aus diesem Grund mache ich einen „Wenn-Dann"-Plan, d.h. wenn mein Hund X zeigt, mache ich Y. Der „Wenn-Dann"-Plan ist ein einzigartiges Werkzeug, um gutes Verhalten aufzubauen und Ziele zu erreichen. Er stammt aus der Welt der Sozialpsychologie, in der er als „Implementierungsintentionen" bekannt ist. Forschung über 30 Jahre hat bewiesen, dass er eine der effektivsten Strategien sowohl für Erwachsene als auch für Kinder darstellt. Anders als die so genannten SMART-Ziele, die spezifisch, messbar, erreichbar, relevant und rechtzeitig[3] sein müssen, fokussiert sich der „Wenn-Dann"-Plan nicht auf das Ziel selbst, sondern auf spezifische Aktionen, die Sie durchführen müssen, um das Ziel zu erreichen.

Ich habe herausgefunden, dass die meisten Standardpläne in diesen Situationen, z.B. mehr Selbstkontrolltraining, viel zu allgemein sind, um hilfreich zu sein. Im Gegensatz hierzu ermöglicht Ihnen der „Wenn-Dann"-Plan, positiv zu handeln, wenn Sie in schwierigen oder herausfordernden Situationen sind. Er erlaubt Ihnen, das mögliche Problem und die Details, die es umgeben, zu analysieren. Durch dieses Bewusstsein können Sie vorbereitet sein, mit einer geeigneten Aktivität zu reagieren.

Dies ist entscheidend, weil ein fehlendender Plan bei uns Hundeführern besonders in schwierigen oder emotionalen Situationen eine impulsive Reaktion verursachen kann. In solchen Szenarien die falsche Wahl zu treffen, hat möglicherweise langfristige Konsequenzen für Ihren Hund.

Ein „Wenn-Dann"-Plan ist ein ideales Werkzeug für die Arbeit mit den Erregungszuständen des Hundes. Er hilft dabei zu erkennen, wann sich Ihr Hund über oder unter seinen Grenzen befindet und wie Sie am besten damit umge-

3 **S**pecific, **M**easurable, **A**ttainable, **R**elevant, **T**imely

hen. Die Forschung hat gezeigt, dass es zwei bis drei Mal wahrscheinlicher ist, das angestrebte Ziel zu erreichen, wenn Sie einen „Wenn-Dann"-Plan haben, als wenn Sie abwarten, was passiert.

Für einen „Wenn-Dann"-Plan müssen Sie konkret werden. Es ist viel zu allgemein, so zu planen: „*Wenn* mein Hund übererregt ist, *dann* werde ich versuchen, ihn zu beruhigen." Das ist weder für Sie noch für Ihren Hund eine Hilfe. Sie müssen die Situation im Detail betrachten und Folgendes berücksichtigen:

Wie sieht die Übererregung aus?

- Wie hört sie sich an?
- Was ist „ruhig"?
- Wie können Sie den Hund beruhigen?

Der „Wenn-Dann"-Plan für die Impulskontrolle des Hundes stellt folgende Fragen:

- Wann wird es zu einer Übererregung kommen?
- Was wird sie triggern?
- Wie fühlt sich der Hund dabei (positiv oder negativ, frustriert, erwartungsvoll)?
- Wie können Sie die Übererregung verhindern?
- Was werden Sie tun, wenn der Hund übererregt wird?

Um Ihnen ein praktisches Beispiel für einen „Wenn-Dann"-Plan zu geben, werde ich berichten, wie ich mit meinem Cocker Mia in einem Kaninchengehege[4] gearbeitet habe. Folgendes wollte ich erreichen.

- Mia sollte in einem Kaninchengehege arbeiten und mit mir die Flächen absuchen, in die ich sie schicke, um Kaninchen zu finden und aufzuscheuchen.
- Mia soll sich in einem erregten Zustand befinden, um motiviert zu arbeiten, aber genügend Selbstkontrolle besitzen, um auf mich zu hören und mit mir in Verbindung zu bleiben.

4 Anm. d. Übers.: In Deutschland ist die Ausbildung von Jagdhunden an lebenden Tieren, z.B. in „rabbit pens" verboten.

Die folgenden Informationen und die Tabelle basieren darauf, was sich ereignete, als ich zum ersten Mal Mia zum Arbeiten in ein Kaninchengehege mitnahm und alles schiefging. Sie war in dichtem Dickicht richtig gut, aber nicht auf offener Fläche am Ende des Geheges, wo sie die Kaninchen sehen konnte. Bei der ersten Gelegenheit geriet sie völlig aus dem Konzept. Daher stellte ich einen „Wenn-Dann“-Plan auf, um mich auf das nächste Mal vorzubereiten.

Wenn im Training etwas schiefgeht, ist es oft eine Lösung, hochwertigere Belohnungen anzubieten. Dies kann aber sowohl limitierend als auch erfolglos sein. Der Schlüssel ist es, innezuhalten, sich die Situation anzuschauen, zu reflektieren, zu analysieren und neu zu planen, d.h. einen „Wenn-Dann“-Plan aufzustellen. Im Fall von Mia im Kaninchengehege lauteten meine Befunde:

- Als Erstes erkannte ich das Problem: Es war zu viel für Mia, die Kaninchen zu sehen.

- Wenn Mia auf Gelände kam, das die Kaninchen gerade verlassen hatten, war der Geruch noch neu und frisch im Gegensatz zu einer Fläche, auf der die Kaninchen sich Stunden zuvor aufgehalten hatten. Dies war auch eine Herausforderung für Mia. In der Tabelle ist der frische Geruch in den Kategorien „Selbstmanagement und die Situation wenden“ zu finden. Er bewirkt Erregung und Jagdmotivation, die ich einerseits erhalten, aber andererseits auch kontrollieren möchte.

- Wenn ich möchte, dass sich Mia unter dem Druck eines sichtbaren Kaninchens kontrolliert, muss sie zuerst mehr Selbstkontrolle aufbauen und die Fähigkeit, unter Einfluss des Geruchs mit mir völlig in Verbindung zu bleiben und den Fokus auf mich zu richten. Dafür brauchen wir viele Wiederholungen dieses Stadiums mit effektiven Belohnungen. Dann kann die Dauer verlängert werden, damit sie in ihrer Erregung kontrolliert bleiben kann und starke neuronale Schaltungen für dieses Verhalten entwickelt. Daher sieht mein „Wenn-Dann“-Plan vor, in das Kaninchengehege zurückzukehren und im dichten Gestrüpp zu arbeiten, in dem sie mit ihrer Erregung umgehen kann. Daher werde ich den Bereich meiden, in dem sie die Kontrolle verliert.

- Wenn ich das gewünschte Verhalten sehr oft belohnt habe, kann ich mich allmählich der gefährlichen Region nähern.

Der „Wenn-Dann“-Plan ermöglichte eine exakte Analyse der Situation und eine konstruktive Planung. Ich arbeitete genau heraus, was ich wollte und wie ich

Gemütszustand des Hundes?	Wann passiert es?	Wie fühlt es sich an?	Wie sieht es aus?	Was sind die Trigger?	Wie kann ich es vermeiden?	Was kann ich tun, wenn es passiert?
Außer Kontrolle	im Kaninchengehege	Aufregung/ Frustration	Wunsch zu jagen, Zittern, Lautäußerungen. Kein Fokus oder Verbindung	visuell – Kaninchen (ruhig oder in Bewegung)	Den Hund nicht ins Kaninchengehege lassen. In weniger offenen Abschnitten des Gebiets arbeiten.	das Gehege verlassen
Auf dem Weg zum Kontrollverlust	im Kaninchengehege	Aufregung/ Frustration	Kein Fokus oder Verbindung. Bedürfnis nach Bewegung/ Aktivität	visuell – Kaninchen (ruhig oder in Bewegung)	Kaninchen im Trainingsgebiet vermeiden, nur frische Gerüche. In weniger offenen Abschnitten des Gebiets arbeiten	Umleiten auf aktives alternatives Verhalten, z.B. Futter in der Deckung finden
Hochgedreht	im Kaninchengehege	Aufregung/ Frustration	Verbunden, aber erhöhtes Tempo. Evtl. keine Reaktion auf Signale durch Körpersprache	Kaninchengeruch, Bewegung, Geräusche	In weniger offenen Abschnitten des Geheges arbeiten	Rückruf und Jagdzeit verkürzen mit einem Mix aus Fokus, Warten und Jagen
Selbstmanagement	im Kaninchengehege	Aufregung/ Frustration	Verbunden, Reaktion auf visuelle und verbale Signale. Bleibt dicht in der Nähe und bietet Wendungen an	Kaninchengeruch, Bewegung, Geräusche	N/A	Hohe Verstärkungsrate und Dauer innerhalb der Konzentrationsspanne des Hundes (z.B. 2 Minuten)
Entspannung	nicht im Kaninchengehege	Entspannt	Liegen oder sitzen; langsames Atmen, Augen nicht fokussiert	N/A	N/A	Ruhiges Lob, um Information zu geben, aber die Erregung niedrig zu halten.

es erreichen könnte und stellte spezifische Kriterien auf, etwa „zwei Minuten Dauer“ und nicht „für kurze Zeit“. Dies bedeutete, dass wir unsere Besuche im Kaninchengehege sukzessive steigern konnten, indem ich strikt den „Wenn-Dann“-Plan einhielt und auftretende Probleme schnell identifizieren und lösen konnte. Auf diese Weise konnten wir eine negative Situation, in der Mia die Kontrolle verlor, in eine positive Situation umwandeln, in der sie lernte, mit ihrer Erregung umzugehen – und ich mein Trainingsziel erreichte.

Die richtige Wahl treffen

Wenn ich an der Selbstkontrolle arbeite, ist es mein Ziel, dass der Hund ohne meine Hilfe die „richtige“ Wahl trifft. Statt das Verhalten durch Signale auszulösen, möchte ich, dass die Situation eine motivierende Wahl des Hundes triggert.

Hierdurch erhält der Hund das Gefühl von Kontrolle: Er trifft eine Wahl, die belohnt wird. Es ist jedoch eine Tatsache, dass diese Wahl manipuliert wurde. Ich kontrolliere die Situation und die Umgebung und schränke hierdurch die Optionen ein. Zuviel Freiheit und Auswahl kann überwältigend sein. Wie in *Kapitel 9 Selbständige Wahl und ihre Konsequenzen* ausgeführt, fördert die Möglichkeit zu einer informierten nicht-erzwungenen Entscheidung die Absichtlichkeit, d.h. die Entschlossenheit zu bestimmten Verhalten oder Aktivitäten. Dies ist auch mit einer intrinsischen Motivation verknüpft, die größeres Interesse, kognitive Flexibilität, Kreativität, Vertrauen und eine bessere Persistenz der Verhaltensänderung hervorruft. Neue Verhaltensweisen, die autonom trainiert wurden, sind stark und verlässlich.

Beispielsweise wurde mein Hund Stig trainiert, sich zu setzen und Augenkontakt anzubieten, weil dieses Verhalten anfangs mit Clicks und Belohnungen eingefangen wurde. Anschließend wurde es viele Male belohnt und es entstand ein lange Geschichte riesiger Verstärkung. Nun ist es das Verhalten, das er mir selbständig anbietet. Er hat gelernt, dass es ihm die Dinge im Leben einbringt, die er will – Leckerchen, Spielzeug und eventuell die Erlaubnis zum Jagen, Spielen oder Apportieren.

Ich habe dieses Verhalten niemals mit einem Signal wie „schau mich an“ belegt; es ist etwas, das Stig selbst wählt (auch wenn ich es mag) und das ihm Wünsche erfüllt. Sogar wenn er überregt ist, kann er immer noch dieses Verhalten anbieten. Er leitet es selbst ein und es versorgt ihn mit Lösungen. Diese Lösungen bestehen aus Verstärkung und positiven emotionalen Konsequenzen, wie eine Belohnung zu bekommen oder die Erlaubnis für Cockersachen wie Jagen, Apportieren oder Schwimmen.

Wenn Sie an Problemen mit der Selbstkontrolle arbeiten, sollte Ihr Ziel immer sein, den Hund zur „richtigen" Wahl zu ermutigen und diese guten, klugen Entscheidungen zu belohnen. Dies ermöglicht dem Hund, sein eigenes Verhalten in verschiedenen alltäglichen Situation zu managen, ohne dass wir dies für ihn tun müssen. Hunde fühlen sich gut, wenn sie für ihre eigene Wahl belohnt werden.

Resümee

Wenn Sie verlässliches Verhalten brauchen, muss der Hund fähig sein, seine Emotionen, Wünsche und Impulse zu kontrollieren. Der „Wenn-Dann"-Plan ist eine große Hilfe für Situationen, in denen Sie Probleme mit der Erregung bekommen können. Er erlaubt Ihnen, das Problem detailliert zu untersuchen und einen schrittweisen Lösungsansatz auszuarbeiten. Sich das Erregungsverhalten Ihres Hundes vorzustellen, versorgt Sie mit Hinweisen, wo und wann Sie handeln und welche Maßnahmen Sie ergreifen müssen, wenn Sie diese Hinweise sehen.

Sie werden automatische Gewohnheiten entwickeln, getriggert durch die visuellen Hinweise, und ein neues Standardverhalten etablieren: handeln und realistische Ziele für Ihren Hund setzen, anstatt zu dulden, dass die Situation bis zur Ausweglosigkeit überkocht.

Unterstützung ist der wesentliche Bestandteil des Trainings, und die ideale Kombination ist es, dem Hund zu vermitteln, wie er eine gute Wahl treffen und sich selbst regulieren kann. Denken Sie daran: Jeder Hund ist anders und hat seine eigene einzigartige Persönlichkeit. Einige Hunde treffen wirklich gute Entscheidungen, während es andere vorziehen, von uns geleitet zu werden.

Wahlbasiertes Training eignet sich großartig dafür, Selbstkontrolle zu lernen und zu unterrrichten. Jedoch können zu viele Wahlmöglichkeiten und unzureichende Unterstützung für einige Hunde großen Stress bedeuten. Die Lösung ist es, die Kriterien herabzusetzen, damit die Wahlmöglichkeiten limitiert sind und daher die Wahrscheinlichkeit für die richtige Wahl wächst. Es ist nicht ethisch, den Hund etwas alleine erarbeiten zu lassen, wenn es unwahrscheinlich ist, dass er dies schnell schafft. Das verursacht emotionalen Disstress und das Training wird zu einer negativen Erfahrung.

13 Ausblick

Das Trainieren von Impulskontrolle erfordert ein tiefes Verständnis der Emotionen und der Erregung. Ich hoffe, Sie haben durch dieses Buch einen guten Einblick bekommen und können in Verbindung mit den vielen Übungen zusammen mit Ihrem Hund Denkspiele spielen, um ein verlässliches Verhalten zu erzielen.

Üben Sie, die Neuronen des Hundes an der richtigen Stelle abzufeuern und hinsichtlich der Selbstkontrolle starke Gewohnheiten aufzubauen. Gestalten Sie das Training so, dass es Spaß macht, herausfordert, aber trotzdem erreichbare Ziele hat. Arbeiten Sie zusammen als Team an der wunderbaren Mensch-Hund-Beziehung, die seit Jahrhunderten existiert.

Kontrollieren Sie Ihre eigenen Impulse

Wenn Sie das nächste Mal in den sozialen Medien unterwegs sind, sehen Sie vielleicht einen Beitrag zum Hundetraining, der Sie aufregt und zum Widerspruch reizt. Stopp, denken Sie nach, kühlen ab… und lassen Sie es gut sein. Sie haben einen Hund, der Ihre Hilfe und Führung beim Training braucht. Nutzen Sie Ihre Zeit klug und arbeiten Sie auf ein Leben ohne Drama mit einem guttrainierten Hund hin.

Bleiben Sie realistisch

An einigen Tagen werden Sie Versuchungen nicht widerstehen können – und an anderen Tagen wird es Ihrem Hund genau so gehen. Manchmal werden Sie im Training schlecht sein und die Dinge laufen nicht nach Plan und manchmal hat Ihr Hund keine Lust. Das ist normal und bei Ihnen und Ihrem Hund ein Teil von Wachstum und Entwicklung.

Handeln Sie und machen Sie Fortschritte

Nur ein kleiner Prozentsatz von Menschen handelt auch nach den Informationen, die man ihnen gegeben hat. Ihr Hund wird nicht lernen, seine Impulse zu kontrollieren, weil Sie ein Buch darüber gelesen haben. Sie müssen es in die Tat umsetzen.

1. Daher suchen Sie sich mindestens eine der folgenden Aufgaben aus und erfüllen Sie sie innerhalb der nächsten 24 Stunden:

2. Erstellen Sie einen „Wenn-Dann"-Plan für ein Problem, das Sie mit Ihrem Hund haben.

3. Denken Sie sich einen Namen für den Aktionsplan für das Impulskontrolltraining Ihres Hundes aus.

Suchen Sie sich eine Übung aus, die Sie anspricht, und versuchen Sie es mal.

Nehmen Sie sich Zeit, machen Sie es gründlich und hetzen Sie nicht durch all die coolen Sachen – solide Grundlagen sind das Geheimnis des Erfolgs. Genießen Sie die Reise, haben Sie Spaß und stellen Sie sicher, dass Sie, genau wie Ihr Hund, positive Emotionen mit dem Training verknüpfen.

Anhang

Über die Autorin

Jane Ardern gehört zu den führenden Hundetrainern und Verhaltenskundlern Großbritanniens, die sich auf Probleme mit Arbeits- und Leistungshunden spezialisiert haben. Sie gilt als praxisorientierte Realistin, die ihren akademischen Hintergrund mit ihrer intensiven Erfahrung als Trainerin für alle Fälle kombiniert. Im Jahr 2016 wurde sie vom britischen Kennel Club als Trainerin des Jahres ausgezeichnet.

Jane Ardern hat das fünfjährige Bachelor-Studium „Hundeverhalten und -training" an der Hull Universität im Jahr 2012 mit dem höchsten Grad abgeschlossen, der jemals in der Fortgeschrittenen-Ausbildung vergeben wurde. Anschließend wurde sie eingeladen, die Basis-Ausbildung an der Universität zu übernehmen und hat parallel hierzu weitere Fortbildungsstudiengänge mit großem Erfolg absolviert. Jane hat auch Vorlesungen für COAPE gehalten, den internationalen Kursträger für Tierverhaltenskundler.

Sie ist Inhaberin des WaggaWuffins Canine College, welches Training für Welpen und Hunde sowie eine praktische Ausbildung für Hundetrainer anbietet. Andere private und professionelle Hundeliebhaber erhalten über eine Mitgliedschaft Online-Hilfestellung und können sich in ihr Welpentrainingsprogramm Smart Pup einschreiben.

Jane ist Mitglied der PSA[5] und hat auf vielen Seminaren und Veranstaltungen im ganzen Vereinigten Königreich gesprochen.

Am meisten hat sie nach eigenen Worten in den Momenten gelernt, in denen sie in einem Wald voller Fasane, Kaninchen und Rehe knietief im Matsch watete und versuchte, die Hörsaaltheorien ins wirkliche Leben zu übertragen. Ihr Anliegen ist es, Menschen zu helfen, die nach einer positiven und ethisch vertretbaren Lösung für Probleme rund um Aufregung, Übererregung, Impuls- und Jagdverhalten suchen.

5 PSA = Professional Speaking Association = Fachverband für beruflich Vortragende

Dank

Ich danke allen, die mich über viele Jahre unterrichtet, geführt, gefördert und betreut haben:

- Helen Phillips und Jo Hill für ihre praktische Unterstützung und Anleitung,
- den Menschen, die mich am meisten beeinflusst haben: John Fisher, Karen Pryor, Kay Laurence, Ken Ramirez, Jaak Panksepp und den Jägern, die mich unterstützt haben und mir viel über Verhalten und Impulse von Jagdhunden beigebracht und dabei mein Trainingsethos respektiert haben,
- den Hunden, nicht nur meinen eigenen, sondern auch denjenigen von Freunden und Kunden, die ich trainiert habe. Sie haben mir zu einem breiten Spektrum an Erfahrung und Wissen verholfen und mich dazu gebracht, außerhalb der Konventionen zu denken und mich an die individuellen Persönlichkeiten von Cockern und Pointern bis hin zu Akitas und Huskies anzupassen.
- meinen Freunden, die meinen Gedanken und Ideen zuhörten, sie ausprobierten und unterstützten, und die an mich geglaubt haben,
- Louise Marshall, die nicht nur meine Hunde-Doula, sondern auch meine Korrekturleserin für dieses Buch ist,
- Mike Riley, meinem Partner, der für mich da ist und mich in allem unterstützt,
- am meisten aber meiner Mutter, die mir bei meiner allerersten Hundetrainingsklasse geholfen hat und die immer noch da ist.

Weitere Bücher, die Sie interessieren könnten:

Leslie McDevitt

Stressfrei über alle Hürden

Leistungsbereite Hunde durch Aufmerksamkeitstraining

Flexicover, 240 Seiten,
durchgehend farbig mit vielen Fotos
ISBN 978-3-942335-59-1

Sporthunde, besonders im Agility, sind in Training und Wettkampf sehr aufregenden und ablenkungsreichen Situationen ausgesetzt. Die daraus entstehende Spannung resultiert sehr oft in einem Mangel an Konzentration und Kontrollierbarkeit, der sich in Fehlern niederschlägt.
Das Stressfrei-Programm hilft mit gezielten Übungen, dem Hund zu mehr Impulskontrolle, Fokus und Ruhe zu verhelfen, auch, wenn es um ihn herum sehr turbulent wird. Das Ergebnis sind jederzeit aufmerksame, in sich ruhende und auch ohne Leine steuerbare Hunde - etwas, das sich jeder Hundehalter nicht nur im Sport, sondern auch im Alltag wünscht!

Dieses Buch ist für jeden, der seinem Hund beibringen möchte, sich in schwierigen Situationen zu konzentrieren.

„Eins der besten Bücher über Hundetraining der letzten Jahre!“
(Patricia B. McConnell, Autorin der Bestseller "Das andere Ende der Leine" und "Liebst Du mich auch?").

Leslie McDevitt

Stressfrei ins Hundeleben

Das Welpenprogramm

Die meisten Welpen-Erziehungsratgeber konzentrieren sich darauf, wie man dem Kleinen welche Kommandos beibringt. Dieses Buch verfolgt einen ganz anderen Ansatz: Das Hauptaugenmerk liegt hier auf den Basiskompetenzen Aufmerksamkeit, Konzentration, Entspannung und Stressresistenz als Grundstein für einen Hund, der im Erwachsenenalter auch in turbulenten Situationen Ruhe und Selbstkontrolle behält.

Die durchdachten Übungen eignen sich insbesondere für Hunde, die später Karriere in Sport oder Diensthundewesen machen sollen, aber natürlich ebenso für alle Halter, die sich einen wesensfesten, selbstbewussten und in sich ruhenden Hund wünschen.

Flexicover, 280 Seiten,
durchgehend farbig
ISBN 978-3-95464-090-4

Simon Prins

Das Pavlov-Projekt

Ein Diensthundeausbilder berichtet

Hardcover, 392 Seiten,
durchgehend farbig
ISBN 978-3-95464-257-1

Als der Autor zu Beginn der 1990er Jahre in eine Diensthundestaffel der niederländischen Polizei eintrat, beruhte die Ausbildung noch auf Unterwerfung und Strafe – wie fast überall zu dieser Zeit und in dieser Szene. Als er mit der Aufgabe betraut wurde, Hunde für eine neu gegründete Spezialeinheit auszubilden, in der die Hunde selbständig über große Entfernungen und außer Sichtweite der Hundeführer agieren sollten, war schnell klar, dass dies mit den herkömmlichen Methoden nicht zu machen war: Es war die Geburtsstunde des „Pavlov-Projekts", der Einführung der operanten Konditionierung in die Welt der Diensthundeausbildung.

Jahrelang reiste Simon Prins um den Globus, um von den Besten zu lernen und wurde dabei insbesondere von Bob Bailey beeinflusst, den er als seinen geistigen Mentor bezeichnet. In diesem Buch hat er seine ganz persönliche Reise in die spannende Welt der Verhaltens- und Lernforschung festgehalten und lässt den Leser an seinen Erfahrungen und Erkenntnissen teilhaben, zu denen vorübergehende Fehlschläge ebenso gehörten wie großartige Erfolge.

Mitreißend und für jeden verständlich erklärt er die Grundprinzipien und Gesetze eines modernen, auf wissenschaftlichen Fakten beruhenden Hundetrainings, mit dem praktisch alles möglich ist.

Katrien Lismont

Ums Eck gedacht

Mit Distanzkontrolle zur besseren Kooperation mit dem Hund

Die „Dreiecksübungen", die in diesem Buch beschrieben werden, sind in ihrer Grundidee aus dem Dummytraining entliehen und dienen dort dazu, dem Hund mehr Impulskontrolle anzutrainieren.

Weil diese Eigenschaft für alle Hunde, die in unserer Menschenwelt nicht anecken sollen, so entscheidend ist, hat die Autorin das Konzept weiterentwickelt und zu einem Team-Spiel ausgebaut, das Konzentration, Spannung, Kooperation, Selbstbeherrschung und klare Kommunikation fördert – von beiden Seiten.

So lassen sich leicht und mit Freude immer anspruchsvollere und neue Fähigkeiten mit dem Hund erarbeiten.

Flexicover, 154 Seiten,
durchgehend farbig
ISBN 978-3-95464-194-9